高等学校电子信息类专业系列教材

U0169591

微课版

电子技术基础与实践

主　编　王　强

副主编　魏　明　郭占苗

西安电子科技大学出版社

内 容 简 介

本书介绍了电子元器件和集成电路芯片,以及电子电路设计、焊接、调试、故障排除和性能测试的方法,讲解了电子电路仿真软件 Multisim 的基本操作,给出了 24 个电子技术实验项目,同时介绍了常用电子测量仪器的使用。实验内容由易到难,由简单到综合,循序渐进,注重典型性和实用性,强调理论和实践相融合,为电子信息类专业的学生学习模拟电路与数字电路设计提供了方便。

通过对本书的学习,学生应能具备电子技术分析能力、仪器仪表的使用能力和电子电路实践应用能力,为学好电子信息类专业的其他课程打好基础。

本书既可以作为应用型本科院校电类专业电子技术课程的实验教材,也可以作为相关专业技术人员的参考书。

图书在版编目(CIP)数据

电子技术基础与实践/王强主编. —西安:西安电子科技大学出版社,2023.3
ISBN 978 - 7 - 5606 - 6802 - 4

Ⅰ. ①电… Ⅱ. ①王… Ⅲ. ①电子技术 Ⅳ. ①TN

中国国家版本馆 CIP 数据核字(2023)第 037063 号

策   划 吴祯娥
责任编辑 阎 彬
出版发行 西安电子科技大学出版社(西安市太白南路 2 号)
电   话 (029)88202421 88201467   邮   编 710071
网   址 www.xduph.com   电子邮箱 xdupfxb001@163.com
经   销 新华书店
印   刷 陕西天意印务有限责任公司
版   次 2023 年 3 月第 1 版 2023 年 3 月第 1 次印刷
开   本 787 毫米×1092 毫米 1/16 印张 13
字   数 307 千字
印   数 1~2000 册
定   价 46.00 元
ISBN 978 - 7 - 5606 - 6802 - 4/TN
XDUP 710400   1 - 1

前　言

电子技术实验实训课程是电子信息类、机电工程类专业学生的一门专业必修课程,主要研究模拟电子电路和数字电子电路的实践应用。通过课程的学习和实践操作,学生能够掌握电子技术的基础知识、一般分析方法和实践技能,为深入学习本专业后续课程和从事有关电子技术方面的实际工作打下基础。考虑到课程的基础性和应用性,一方面要求学生掌握电子技术的基础理论和实践应用以及熟悉电子电路仿真软件 Multisim 的使用,培养学生的综合分析能力,另一方面要求学生掌握手工焊接技术并熟练使用电子电路测量仪器,培养学生的实践创新能力。

本书是根据应用型人才培养方案和课程教学的基本要求,并结合各专业特点编写而成的。本书主要包括电子元器件基础知识、电子技术实践中应注意的问题、电子技术仿真软件 Multisim、电子技术基础性实验、电子技术综合性实训项目、常用电子测量仪器使用等内容。其中,电子技术仿真软件 Multisim 的应用可以使学生更深入地了解现代电子技术的发展,掌握先进的电子线路计算机辅助分析方法,培养学生的实验技能。电子技术基础性实验分为两大部分,即模拟部分的基础性实验(共 10 个)和数字部分的基础性实验(共 8 个)。通过这些实验,可以培养学生的实验兴趣,巩固和加深学生对理论知识的理解,培养学生观察和分析实验现象、解决实际问题的能力。电子技术综合性实训项目(共 6 个)可以让学生利用已学过的理论知识和实践技能完成中大规模电子线路的设计、安装和调试任务,培养学生电路综合设计的能力。

本书注重理论与实践相结合,引导学生掌握电子元器件的型号、参数和工作特性,并使学生学会查找芯片资料和掌握电子电路的工作原理以及基本分析方法。同时要求学生会熟练使用各种电子测量仪器,如数字式万用表、数字示波器、函数信号发生器、直流稳压电源和交流毫伏表等,完成电路安装、故障排除和性能检测,并能够绘制数据表和波形图。此外,本书还提供了微课视频形式的立体化教学资源,读者可扫描书中二维码获取相关资源。

由于编者水平有限,书中难免有不妥之处,敬请读者批评指正。

编　者
2022 年 11 月

目　　录

第一章　电子元器件基础知识

1.1　电　阻　器

电阻器

电阻器简称电阻，是用导体制成的具有一定阻值的元件。电阻的作用是阻碍电流流过，具有限流、分流、降压、分压、滤波等作用。

1. 电阻的分类

（1）电阻按阻值特性分为固定电阻、可调电阻、特种电阻。阻值固定不变的电阻称为固定电阻，阻值可以调节的电阻称为可调电阻。常见的可调电阻（例如收音机音量调节）主要应用于电压分配，也称之为电位器。特种电阻的阻值会根据环境因素的变化而变化，如受光影响的电阻称为光敏电阻，受压力影响的电阻称为压敏电阻，受温度影响的电阻称为热敏电阻。

（2）电阻按制造材料分为薄膜电阻（碳膜电阻、金属膜电阻）、绕线电阻和水泥电阻等。

（3）电阻按安装方式分为插件电阻、贴片电阻。

（4）电阻按功能方式分为负载电阻、采样电阻、分流电阻和保护电阻等。

2. 电阻的主要参数

（1）标称阻值。标称在电阻上的电阻值称为标称阻值，单位为 Ω、kΩ、MΩ。标称阻值是根据国家制定的标准标定的，而不是生产者任意标定的。生产者是按标称阻值来生产电阻的，并不是所有阻值的电阻都生产。

（2）允许误差。电阻的实际阻值对于标称阻值的最大允许偏差范围称为允许误差。电阻的允许误差常用误差代码表示，如 F、G、J、K 分别代表误差为 1％、2％、5％、10％。

（3）额定功率。在规定的环境温度下，假设周围空气不流通，在长期连续工作而不损坏或基本不改变电阻性能的情况下，电阻上允许消耗的功率称为额定功率。常见的功率有 1/16 W、1/8 W、1/4 W、1/2 W、1 W、2 W、5 W、10 W 等。

（4）温度系数。当温度每变化 1℃时，电阻阻值的相对变化叫作电阻的温度系数。一般在电阻参数手册上给出的电阻温度系数是指在使用条件下，某一温度范围内的平均值。温度系数与阻值大小有关，阻值越大，温度系数越大。

（5）极限工作电压。电阻的耐压是有限度的，当加于电阻两端的电压超过极限工作电压时，即使没有超过额定功率，电阻也会被击穿，产生表面飞弧现象，即被损坏。一般来说，电阻极限工作电压 U 由阻值 R 和额定功率 P 决定，即

$$U=\sqrt{PR}$$

$$(1-1)$$

3. 电阻的标注方法

1）直标法

直标法是指将电阻的主要参数和技术性能用数字和字母直接标注在电阻体上。对于小

于 1000 Ω 的阻值,只标出数值,不标单位;对于 kΩ、MΩ 的阻值,只标注 k、M。例如,
3.3 Ω 标注为 3R3,3.3 kΩ 标注为 3k3。精度等级标Ⅰ或Ⅱ级,Ⅲ级不标注。还需标注误差
代码。常用的误差代码对照表如表 1-1 所示。

表 1-1 电阻误差代码对照表

代码	B	C	D	F	G	J	K	M	N
误差($\pm\%$)	0.1	0.25	0.5	1	2	5	10	20	30

2)数码法

数码法是指用 3 位数字表示电阻元件的标称阻值。从左至右,前两位表示有效数位,
第 3 位 n 表示 10^n(n=0~8)。当 n=9 时,表示 10^{-1}。而标志为 0 或 000 的电阻器,表示的
是跳线,阻值为 0 Ω。贴片电阻多用数码法标注。采用数码法标注时,电阻单位为 Ω。例如,
471 表示 470 Ω,105 表示 1 MΩ,512 表示 5.1 kΩ。

3)色环标注法

对体积很小的电阻和一些合成电阻,其阻值和误差常用不同颜色的色环来标注,称为
色环标注法,如图 1-1 所示。色环标注法有 4 环和 5 环两种。普通电阻一般用 4 环表示,
精密电阻用 5 环来表示。色环由三部分组成,即有效数字、乘数和允许误差。

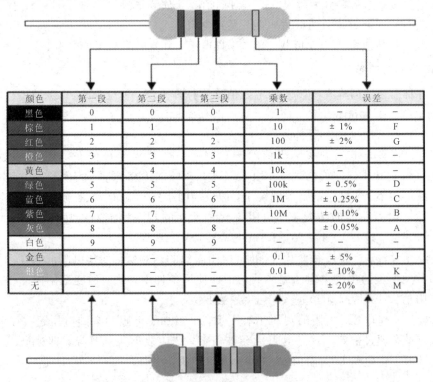

颜色	第一段	第二段	第三段	乘数	误差	
黑色	0	0	0	1	—	—
棕色	1	1	1	10	± 1%	F
红色	2	2	2	100	± 2%	G
橙色	3	3	3	1k	—	—
黄色	4	4	4	10k	—	—
绿色	5	5	5	100k	± 0.5%	D
蓝色	6	6	6	1M	± 0.25%	C
紫色	7	7	7	10M	± 0.10%	B
灰色	8	8	8	—	± 0.05%	A
白色	9	9	9	—	—	—
金色	—	—	—	0.1	± 5%	J
银色	—	—	—	0.01	± 10%	K
无	—	—	—	—	± 20%	M

图 1-1 色环颜色所表示的有效数字和允许误差

4 环电阻用 4 道色环标注,前两道色环表示两位有效数字,第 3 道色环表示 10 的乘方
数(10^n,n 为颜色所表示的数字),第 4 道色环表示允许误差(若无第 4 道色环,则误差为
±20%)。色环电阻的单位为 Ω。

5环电阻用5道色环标注，前3道色环表示三位有效数字，第4道色环表示10的乘方数（10^n，n为颜色所表示的数字），第5道色环表示允许误差。

在读色环电阻数值时，应注意以下几方面：

（1）一般情况下，最后一环距离前面一环的距离明显比平均色环间距大。

（2）电阻数值一般为$0\sim10\ M\Omega$，如果按照规则读出的电阻数值超出这个范围，则应考虑色环顺序是否颠倒。

（3）因为金、银环只能作为误差和倍数表示，所以不能作为第一环出现。

4. 电阻的选用

（1）根据电路特点和用途选用。

高频电路和对工作稳定性、可靠性要求高的电子电路一般要求分布参数越小越好，因此应选择金属膜电阻或金属氧化膜电阻。低频电路和对性能要求不高的电子电路可选用绕线电阻、碳膜电阻。功率放大电路、偏置电路、取样电路对稳定性要求较高，应选择温度系数小的电阻。退耦电路和滤波电路对阻值变化没有严格要求，因此任何电阻都可适用。

（2）根据电阻的阻值和误差选用。

阻值选用：所用电阻的标称阻值与所需电阻器阻值的差值越小越好。

误差选用：时间常数RC电路所需电阻的误差应尽量小，一般可选误差为5%以内的电阻。退耦电路、反馈电路、滤波电路和负载电路对误差要求不高，可选误差为$10\%\sim20\%$的电阻。

（3）根据电阻的极限参数选用。

额定电压：当电阻实际电压超过额定电压时，即便满足功率要求，电阻也会被击穿而损坏。

额定功率：所选电阻的额定功率应大于实际承受功率的两倍以上才能保证该电阻在电路中长期工作的可靠性。

5. 敏感电阻

敏感电阻是指器件特性对温度、电压、湿度、光照、气体、磁场、压力等作用敏感的电阻。

（1）光敏电阻：电导率随着光照强度的变化而变化的电阻。当光敏电阻受到光照时，载流子的浓度增加，电导率也增加，从而改变了电阻值。

（2）气敏电阻：利用某些半导体吸收某种气体后发生氧化还原反应制成，主要成分是金属氧化物。其主要品种有金属氧化物气敏电阻、复合氧化物气敏电阻和陶瓷气敏电阻等。

（3）热敏电阻：电阻值会随着热敏电阻本体温度的变化呈现出阶跃性的变化，具有半导体特性。热敏电阻按照温度系数的不同分为正温度系数热敏电阻（PTC热敏电阻）和负温度系数热敏电阻（NTC热敏电阻）。PTC热敏电阻的电阻值随着温度的升高呈阶跃性增大，而NTC热敏电阻的电阻值随着温度的升高呈阶跃性减小。

1.2 电 容 器

电容器（简称电容）由两个金属电极中间夹一层绝缘介质构成。当在两极间加上电压时，电极上储存电荷。电容是一种储能元件，电容量是电容器储存电荷多少的一个量值。电容在电路中的作用主要是耦合、滤波、退耦、高频消振、交流旁路和补偿。

1. 电容的分类

（1）按电容的作用分类。

电容的基本作用就是充电和放电，由这种基本充放电作用所延伸出来的许多电路现象，使得电容有多种不同的用途。电容按其作用可分为以下几种：

耦合电容：用在耦合电路中的电容。在阻容耦合放大器和其他电容耦合电路中大量使用这种电容，起着隔直流通交流作用。

滤波电容：用在滤波电路中的电容。在电源滤波和各种滤波器电路中使用这种电容电路，用于将噪声信号从有用信号中滤除。

退耦电容：用在退耦电路中的电容。在多级放大器的直流电压供给电路中使用这种电容，可防止电路由电源内阻形成的正反馈引起寄生振荡。

高频消振电容：用在高频消振电路中的电容。在音频负反馈放大器中，为了消除放大器可能出现的高频自激（啸叫），采用这种电容。

谐振电容：用在 LC 谐振电路中的电容。LC 并联谐振电路和串联谐振电路中都用到这种电容。

（2）按电容的结构分类。

电容按结构可分为固定电容、可变电容和微调电容。

（3）按电容的绝缘介质分类。

电容按绝缘介质可分为气体介质电容、纸介电容、有机薄膜电容、瓷介电容、云母电容、玻璃釉电容、电解电容、钽电容等。

（4）按电容的极性分类。

电容按极性分为有极性电容和无极性电容。

2. 电容的主要参数

（1）标称容量。电容上标注的电容量值称为标称容量。电容量值标准单位是法拉（F），另外还有微法（μF）、纳法（nF）、皮法（pF），换算关系为 $1\ F = 10^6\,\mu F = 10^9\,nF = 10^{12}\,pF$。

（2）允许误差。电容的标称容量与其实际容量之差，再除以标称容量所得的百分比，就是允许误差。

（3）耐压。电容的耐压是指电容在技术条件所规定的温度下长期工作，所能承受的最大电压。它与所用的绝缘介质及其厚度有关。同一电容的耐压值随外界电压的频率、波形和温度的变化而改变。一般用直流工作电压、交流工作电压、试验电压来表示电容的耐压性能。试验电压为 $1\sim5\ s$ 时间内电容所能承受的最大电压，通常试验电压为直流工作电压的 $2\sim3$ 倍。由于在交流电压作用下电容介质损耗和发热量增加，因此交流工作电压总小于直流工作电压，且频率越高，交流工作电压越小。耐压值一般直接标注在电容上，电容在使用时不允许超过这个耐压值，若超过此值，电容就可能被击穿，甚至爆裂。

（4）绝缘电阻。加到电容上的直流电压和漏电流的比值称为电容的绝缘电阻（漏阻）。绝缘电阻取决于电容所用介质的特性、厚度和面积。漏阻越小，漏电流越大，介质损耗越大，电容的性能就越差，寿命也越短。

（5）电容的损耗。电容的损耗分为介质损耗和金属损耗两部分，其中金属损耗是由引出线和接触点的电阻、电极电阻产生的，在高频时趋肤效应会使金属损耗大大增加。

（6）电容的温度系数。当温度每变化 1C 时，电容容量的相对变化称为电容的温度系数，它主要取决于介质的温度系数，也取决于电容结构和极板尺寸随温度的变化。某些瓷介电容的温度系数较大，并且有正有负，有时可以选择具有适当温度系数的瓷介电容来补偿电路特性随温度的变化。

3. 电容的标注方法

（1）直标法。

直标法是指在电容产品的表面直接标注出产品的主要参数和技术指标。

（2）文字符号法。

文字符号法是指将需要标注的主要参数与技术性能用文字、数字和符号有规律地组合标注在产品的表面上。采用文字符号法时，将整数部分写在单位符号前面，小数部分写在单位符号后面。例如，4n7 表示 $4.7~nF$，3p3 表示 $3.3~pF$，6n8 表示 $6.8~nF$，即 $6800~pF$。

（3）数码法。

体积较小的电容常用数码法标注。数码法一般用 3 位整数进行标注，前两位为有效数字，第 3 位表示有效数字后面 0 的个数，单位为 pF。当第 3 位数是 9 时表示 10^{-1}。例如 243 表示 $24~000~pF$，339 表示 $3.3~pF$，223 表示 $22~000~pF$，即 $0.022~\mu F$。

（4）色标法。

色标法与电阻的色环标注法类似，是将颜色涂于电容的一端或从顶端向引线排列。色码一般只有 3 种颜色，前两环为有效数字，第 3 环为倍数，单位为 pF。

4. 电容的选用

（1）根据电路特点和用途选用。

不同的电路应该选用不同种类的电容。在电源滤波和退耦电路中应选用电解电容；在高频电路和高压电路中应选用陶瓷和云母电容；在谐振电路中可选用云母、陶瓷和有机薄膜等电容；隔直功能电容可选用云母、纸介、涤纶、电解、陶瓷等电容；旁路功能电容可以选用涤纶、纸介、陶瓷、电解等电容。

（2）根据电容极限参数选用。

① 根据耐压值选用。电容在电路中实际要承受的电压不能超过它的耐压值，一般电容的额定电压应高于实际工作电压的 $10\% \sim 20\%$，以确保电容不被击穿而损坏。特别是在交流条件下工作，直流电压值加上交流电压峰值应不得超过电容的额定电压。

② 根据允许误差选用。对于用在振荡和延时电路中的电容，其允许误差应尽可能小（一般小于 5%）；在低频耦合电路中的电容误差稍微大一些（一般为 $10\% \sim 20\%$）。

③ 根据绝缘电阻选用。小容量电容的绝缘电阻单位为 $M\Omega$。大容量电容的绝缘电阻用时间常数 RC 表示，单位为 $M\Omega \cdot \mu F$。电解电容以漏电流来反映绝缘电阻，单位为 μA。

1.3 电 感 器

电感器(简称电感)也是一种储能元件,能把电能转变为磁场能,并在磁场中储存能量。电感器在电路中具有通低频、阻高频的特性,在交流电路中常被用于扼流、降压、谐振等。

1. 电感的作用及分类

在电子线路中,电感对交流有限制作用,它与电阻或电容一起能够组成高通或低通滤波器、移相电路及谐振电路等。

电感在电路最常见的作用是与电容一起组成 LC 滤波电路。如果把包含许多干扰信号的直流电通过 LC 滤波电路,交流干扰信号将变成磁感和热能消耗掉,并且干扰信号频率越高越容易被抑制。

电路板电源部分的电感一般是由线径非常粗的漆包线环绕在各种颜色的圆形磁芯上组成的,而且周围一般有铝电解电容,这两者组成 LC 滤波电路。另外,线路板通常采用"蛇形线+贴片钽电容"来组成 LC 电路,因为蛇形线在电路板上来回折行,可以作为电感使用。

电感按电感形式分为固定电感、可变电感。

电感按导磁体性质分为空芯线圈、铁氧体线圈、铁芯线圈、铜芯线圈等电感。

电感按工作性质分为天线线圈、振荡线圈、扼流线圈、陷波线圈、偏转线圈等电感。

电感按绕线结构分为单层线圈、多层线圈、蜂房式线圈等电感。

电感按工作频率分为高频线圈、低频线圈等电感。

电感按结构特点分为磁芯线圈、可变电感线圈、色码电感线圈、无磁芯线圈等电感。

2. 电感的主要参数

(1)电感量 L。电感量 L 表示电感线圈本身的固有特性,与电流大小无关。除专门的电感线圈(色码电感)外,电感量一般不标注在电感上,而是以特定的名称标注。

(2)感抗 X_L。电感线圈对交流电流阻碍作用的大小称为感抗 X_L,单位为 Ω。它与电感量 L 和交流电频率 f 的关系为

$$X_L = 2\pi f L \tag{1-2}$$

(3)品质因数 Q。品质因数 Q 是表示电感线圈质量的一个物理量,Q 为感抗 X_L 与其等效的电阻比值,即

$$Q = \frac{X_L}{R} \tag{1-3}$$

电感线圈的 Q 值越高,回路的损耗越小。采用磁芯线圈时,多股粗线圈可以提高电感线圈的 Q 值。

(4)分布电容。电感线圈的匝与匝间、电感线圈与屏蔽罩间、电感线圈与底板间存在的电容称为分布电容。分布电容的存在使电感线圈的 Q 值减小,稳定性变差,因而电感线圈的分布电容越小越好。采用分段绕法可以减少分布电容。

(5)允许误差。电感量实际值与标称值之差除以标称值所得的百分数称为允许误差。

(6)标称电流。标称电流是指电感线圈允许通过的电流的大小,通常用字母来表示。用 A、B、C、D、E 各字母表示的标称电流值分别为 50 mA、150 mA、300 mA、700 mA、

1600 mA。

3. 电感的选用

选用电感时，首先应明确其使用的频率范围。铁芯线圈的电感只能用于低频，铁氧体线圈、空心线圈的电感可用于高频。其次应根据电感的电感量和合适的电压范围进行选用。最后在使用电感时，要注意通过电感的工作电流要小于它的额定电流，否则，电感将发热，使其性能变差甚至烧坏。

1.4 二 极 管

二极管

二极管是一种具有单向导电性的电子器件。二极管由 PN 结加上相应的电极引线和管壳组成。当二极管加正向电压(或正向偏置)时，二极管呈现低电阻，处于导通状态；当二极管加反向电压(或反向偏置)时，二极管呈现高电阻，处于截止状态。

1. 二极管的基本特性

二极管是一个 PN 结，只允许电流由单一方向流过。其伏安特性曲线如图 1-2 所示。

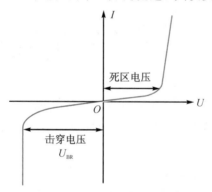

图 1-2 二极管的伏安特性曲线

（1）正向特性。二极管外加正向电压时，在正向特性的起始部分，正向电压很小，不足以克服 PN 结内电场的作用，正向电流几乎为零，这一段称为死区。这个不能使二极管导通的正向电压称为死区电压。当正向电压大于死区电压时，PN 结内电场被克服，二极管导通，电流随电压增大而迅速上升。在正常使用的电流范围内，二极管导通时两端电压几乎维持不变，这个电压称为二极管的正向电压。

（2）反向特性。当二极管外加反向电压不超过一定范围时，通过二极管的电流是少数载流子漂移运动所形成的反向电流。由于此时反向电流很小，因此二极管处于截止状态。这个反向电流又称为反向饱和电流或漏电流。二极管的反向饱和电流受温度影响很大。

（3）反向击穿。当二极管外加反向电压超过某一数值时，反向电流会突然增大，这种现象称为电击穿。在图 1-2 中，当反向电压超过 U_{BR} 后，二极管就会被电击穿。引起电击穿的临界电压称为二极管的反向击穿电压。电击穿时二极管失去单向导电性。如果二极管没有因电击穿而引起过热，则单向导电性不一定会被永久破坏，在除去外加电压后，其性能仍可恢复，否则二极管就损坏了。因此，使用二极管时应避免外加的反向电压过高。

2. 二极管的主要参数

（1）最高工作频率 f_M：二极管能承受的最高频率。当通过 PN 结的交流电频率高于此值时，二极管就不能正常工作了。

（2）最高反向工作电压 $U_{RM}(V)$：二极管长期正常工作时所允许的最高反向电压。若二极管的工作电压超过此值，PN 结就有可能被击穿。对于交流电来说，最高反向工作电压也就是二极管的最高工作电压。

（3）最大整流电流 $I_{OM}(mA)$：二极管能长期正常工作时的最大正向电流。因为电流通过二极管时就要发热，如果正向电流超过此值，二极管就会有烧坏的危险，所以用二极管整流时，流过二极管的正向电流不允许超过最大整流电流。

3. 二极管的分类

二极管的种类很多，分类方法也有多种，下面按用途、材料、构造进行分类。

（1）二极管按用途分为检波二极管、整流二极管、限幅二极管、稳压二极管、开关二极管、发光二极管等。

（2）二极管按材料分为硅二极管和锗二极管。

（3）二极管按构造分为点接触型二极管、面接触型二极管、平面型二极管。

4. 常用的二极管

（1）整流二极管。整流二极管是由硅半导体材料制成的，采用面接触型结构。工作特点是工作频率低，允许的工作温度高，允许通过的正向电流大，反向击穿电压高。主要作用是将交流电变成直流电。

（2）变容二极管。变容二极管是一种利用半导体的 PN 结电容随外加反向偏置电压变化而变化的原理制成的半导体二极管。反向偏置电压越高，结电容越小；反向偏置电压越小，结电容越大。变容二极管的主要作用是替代可变电容器，在现代通信设备、数字电路及家用电器中作为调频使用。

（3）发光二极管。发光二极管是一种由砷化镓或磷化镓等半导体材料制成的，能直接将电能转变成光能的发光显示器件。当其内部有一定的电流通过时，它就会发光。砷化镓二极管发红光，磷化镓二极管发绿光，碳化硅二极管发黄光，氮化镓二极管发蓝光。发光二极管的正、负极可以从引脚长短来识别，长脚为正极，短脚为负极。另外，电子电路中常用的七段数码管是由 8 个发光二极管拼接而成的，是发光二极管的典型应用。

（4）光电二极管。光电二极管的结构与普通二极管类似，使用时，光电二极管的 PN 结工作在反向偏置状态。其特点是：反向电流随着光照强度的增加而增大，即它的反向电流与光的强度成正比。光电流很小，一般只有几十微安，应用时必须放大。光电二极管可以用来测量光的强度，大面积的光电二极管可用作能源，即光电池。

（5）隧道二极管。隧道二极管是采用砷化镓（GaAs）和锑化镓（GaSb）等材料混合制成的半导体二极管。其优点是开关特性好，速度快，工作频率高；缺点是热稳定性较差。隧道二极管一般应用于某些开关电路或高频振荡电路中。

（6）肖特基二极管。肖特基二极管是由金属和半导体采用平面工艺制造形成的。它仅用一种载流子（电子）输送电荷，因而没有少数载流子的存储效应。因此它具有反向恢复时间短（7 ns）和正向压降低（0.4 V）的优点，主要在开关稳压电源电路的整流和逆变器中作为续流二极管使用。

5. 稳压二极管

稳压二极管是利用 PN 结反向击穿特性所表现出的稳压性能制成的器件。稳压二极管也称为齐纳二极管或反向击穿二极管，在电路中起稳定电压作用。它是利用二极管被反向击穿后，在一定反向电流范围内反向电压不随反向电流变化这一特点进行稳压的。

稳压二极管既具有普通二极管的单向导电特性，又可工作于反向击穿状态。在反向电压较低时，稳压二极管截止。当反向电压达到一定数值时，反向电流突然增大，稳压二极管进入击穿区，此时即使反向电流在很大范围内变化时，稳压二极管两端的反向电压也能保持基本不变。但若反向电流增大到一定数值后，稳压二极管则会被彻底击穿而损坏。稳压二极管在电路中一般起保护作用。常用稳压二极管的型号及稳压值如表 1-2 所示。

表 1-2 常用稳压二极管的型号及稳压值

型 号	1N4728	1N4729	1N4730	1N4732	1N4733	1N4734	1N4735	1N4744	1N4750
稳压值/V	3.3	3.6	3.9	4.7	5.1	5.6	6.2	15	27

1）稳压二极管的伏安特性

稳压二极管工作于反向击穿区，其伏安特性曲线与普通二极管相类似，U_Z 为稳定电压，I_Z 为稳定电流，I_{ZM} 为最大稳定电流，如图 1-3 所示。从反向特性曲线可以看出，反向电压在一定范围没变化时，反向电流很小。当反向电压增高到击穿电压时，反向电流突然剧增，稳压二极管反向击穿。此后，电流虽然在很大范围内变化，但稳压二极管两端的电压变化很小。利用这一特性，稳压二极管在电路中能起稳压作用。

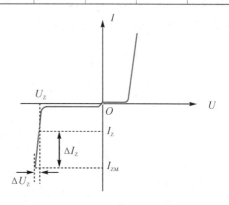

图 1-3 稳压二极管的伏安特性

2）稳压二极管的主要参数

（1）稳定电压 U_Z：稳定电压就是稳压二极管正常工作时管子两端的电压。在一定条件（工作电流、温度）下，同一型号的稳压二极管，由于工艺方面和其他方面的原因，其稳压值具有一定的分散性。例如，某稳压二极管的稳压值为 5.1～6 V，连接到电路中，其稳压值可能为 5.1 V，再换个电路其稳压值可能为 6 V。

（2）电压温度系数 α_U：稳压二极管稳压值受温度变化影响的系数。一般来说，低于 6 V 的稳压二极管的电压温度系数是负的；高于 6 V 的稳压二极管的电压温度系数是正的；6 V 左右的稳压二极管的稳压值受温度的影响比较小。因此，选用稳定电压为 6 V 的稳压二极管可得到较好的温度稳定性。

（3）动态电阻 r_Z：是指稳压二极管端电压的变化量与相应的电流变化量的比值，即

$$r_Z = \frac{\Delta U_Z}{\Delta I_Z} \tag{1-4}$$

（4）稳定电流 I_Z：稳压二极管的稳定电流只是一个作为依据的参考数值，设计选用时要根据工作电流的变化范围来考虑，每种型号的稳压二极管，都有一个最大稳定电流 I_{ZM}。

（5）最大允许耗散功率 P_{ZM}：是指稳压二极管不致发生热击穿的最大功率损耗，即

$$P_{ZM} = U_Z I_{ZM} \tag{1-5}$$

1.5　三　极　管

三极管通常称为双极型晶体管，是一种能起放大、振荡或开关等作用的半导体器件，它的放大作用和开关作用促使电子技术飞跃发展。

1. 三极管的基本结构

三极管分为 NPN 型和 PNP 型两种类型，如图 1-4 所示。目前国内生产的硅管多为 NPN 型，锗管多为 PNP 型。两种类型的二极管结构都分为基区、发射区和集电区，分别引出基极 B、发射极 E 和集电极 C，且每种类型都有两个 PN 结。基区和发射区之间的结构称为发射结，基区和集电区之间的结构称为集电结。三极管的结构示意图如图 1-5 所示。

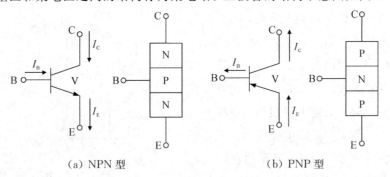

（a）NPN 型　　　　　　　　　（b）PNP 型

图 1-4　三极管的类型

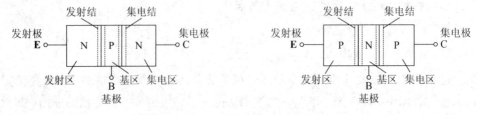

图 1-5　三极管的结构示意图

NPN 型三极管的集电极电位最高，发射极电位最低；PNP 型三极管的发射极电位最

高，集电极电位最低。NPN 型硅管的基极电位比发射极大约高 0.6～0.7 V；PNP 型锗管的发射极电位比基极电位大约高 0.2～0.3 V。

2. 三极管的特性曲线

三极管的特性曲线是用来表示该晶体管各极电压和电流之间相互关系的，反映晶体管的性能，是分析放大电路的重要依据。最常用的特性曲线是三极管共发射极接法时的输入特性曲线和输出特性曲线。

1）输入特性曲线

输入特性曲线是指当集电极和发射极电压 U_{CE} 为常数时，输入电路中基极电流 I_B 与基极－发射极电压 U_{BE} 之间的关系曲线 $I_B = f(U_{BE})$，如图 1-6 所示。

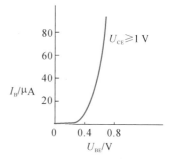

对硅管而言，当 $U_{CE} \geqslant 1$ V 时，集电结已反向偏置，而基区又很薄，可以把从发射区扩散到基区的电子中的绝大部分拉入集电区。此后，U_{CE} 对 I_B 就不再有明显的影响。三极管的输入特性曲线有一段死区。只有在外加

图 1-6　三极管的输入特性曲线

电压大于死区电压时，晶体管才会出现 I_B。硅管的死区电压约为 0.5 V，锗管的死区电压约为 0.1 V。在正常工作情况下，NPN 型硅管的发射结电压 $U_{BE} = (0.6～0.7)$V，PNP 型锗管的发射结电压 $U_{BE} = (-0.2～-0.3)$V。

2）输出特性曲线

输出特性曲线是指当基极电流 I_B 为常数时，输出电路中集电极电流 I_C 与集电极-发射极电压 U_{CE} 之间的关系曲线 $I_C = f(U_{CE})$。由于在不同的 I_B 条件下，可以得出不同的曲线，因此三极管的输出特性曲线是一组曲线（近似平行于 X 轴），如图 1-7 所示。

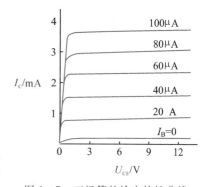

三极管的输出特性曲线包含三个工作区，这三个工作区对应三极管的三种工作状态，如图 1-8 所示。下面以 NPN 型三极管为例，利用共发射极电路进行分析。

图 1-7　三极管的输出特性曲线

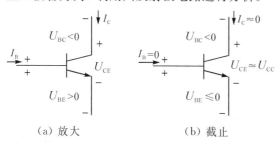

（a）放大　　　　　（b）截止　　　　　（c）饱和

图 1-8　三极管三种工作状态的电压和电流

（1）放大区。

输出特性曲线的近似于水平部分的区域是放大区。在放大区，基极电流对集电极电流起着控制作用，当三极管的基极加一个微小的电流 I_B 时，在集电极上可以得到一个放大的

电流 $I_C = \bar{\beta} I_B$。因为在放大区 I_C 和 I_B 成正比关系，所以放大区也称为线性区。三极管工作于放大状态时，发射结处于正向偏置，集电结处于反向偏置，对于 NPN 型硅管而言，$U_{BE} > 0$，$U_{BC} < 0$。此时，$U_{CE} > U_{BE}$。

（2）截止区。

$I_B = 0$ 的曲线以下区域称为截止区。当 $I_B = 0$ 时，$I_C = I_{CEO}$，三极管失去了电流放大作用。对于 NPN 型硅管而言，当 $U_{BE} < 0.5$ V 时即已开始截止，为了满足截止可靠，还必须使发射结处于反向偏置，即 $U_{BE} < 0$；三极管工作于截止状态时，集电结也处于反向偏置，即 $U_{BC} < 0$，此时，$I_C \approx 0$，$U_{CE} \approx U_{CC}$。

（3）饱和区。

当 I_B 增大到一定程度时，集电极电流不再随着基极电流的增大而增大，此时三极管工作于饱和状态。在饱和区，I_B 的变化对 I_C 的影响较小，三极管也失去了电流放大作用，且放大区的 β 不能适用于饱和区。三极管工作于饱和状态时，集电结正向偏置，即 $U_{BC} > 0$，同时发射结也处于正向偏置，即 $U_{BE} > 0$。此时，$I_C \approx \dfrac{U_{CC}}{R_C}$，$U_{CE} \approx 0$ V。

由三极管的三种工作状态可知，当三极管工作于截止状态时，$I_C \approx 0$，发射极与集电极之间电阻很大，三极管等同于一个断开的开关；当三极管工作于饱和状态时，$U_{CE} \approx 0$，发射极与集电极之间电阻很小，三极管等同于一个接通的开关。因此，三极管除了具有放大作用外，还有开关作用。

3. 三极管的主要参数

1）电流放大倍数 $\bar{\beta}$ 和 β

在共发射极放大电路中，三极管在静态（无输入信号）时集电极电流 I_C 与基极电流 I_B 的比值称为共发射极静态电流（直流）放大系数，即

$$\bar{\beta} = \frac{I_C}{I_B} \tag{1-6}$$

当三极管工作在动态（有输入信号）时，基极电流的变化量为 ΔI_B，它引起集电极电流的变化量为 ΔI_C。ΔI_C 与 ΔI_B 的比值称为动态电流（交流）放大系数，即

$$\beta = \frac{\Delta I_C}{\Delta I_B} \tag{1-7}$$

$\bar{\beta}$ 和 β 含义是不同的，但在输出特性曲线近似于平行等距并且 I_{CEO} 较小的情况下，两者数值较为接近。在理论计算过程中，$\bar{\beta} = \beta$。

2）集电极和基极反向截止电流 I_{CBO}

I_{CBO} 是当三极管发射极开路时由于集电结处于反向偏置，集电区和基区中的少数载流子向对方运动所形成的电流。I_{CBO} 受温度的影响较大，其数值应越小越好。硅管在温度稳定性方面较好。测量三极管 I_{CBO} 的电路如图1-9所示。

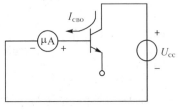

图1-9 测量三极管 I_{CBO} 电路

3）集电极和发射极反向截止电流 I_{CEO}

I_{CEO} 是当 I_B 为 0 时，三极管集电结处于反向偏置和发射结处于正向偏置时的集电极电流。I_{CEO} 是从集电极直接穿透三极管到达发射极，所以又称为穿透电流，其值越小越好。测量三极管 I_{CEO} 的电路如图 1-10 所示。

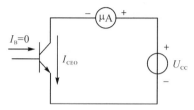

图 1-10 三极管 I_{CEO} 测量电路

I_{CEO} 和 I_{CBO} 的关系为

$$I_{CEO} = (1 + \bar{\beta})I_{CBO}$$

4）集电极最大允许电流 I_{CM}

集电极电流 I_C 超过一定值时，三极管的 β 值会下降。当 β 值下降到正常数值的三分之二时，集电极电流称为集电极最大允许电流 I_{CM}。当 I_C 超过 I_{CM} 时三极管并不一定损坏，但 β 值会下降。

5）集电极和发射极反向击穿电压 $U_{(BR)CEO}$

基极开路时，加在集电极和发射极之间的最大允许电压称为集电极和发射极反向击穿电压 $U_{(BR)CEO}$。当三极管的集电极-发射极电压 U_{CE} 大于 $U_{(BR)CEO}$ 时，如果 I_{CEO} 突然大幅度增加，三极管可能被击穿。在共发射极放大电路中，为了保证三极管可靠工作，应取集电极电源电压 $U_{CC} \leqslant \left(\frac{1}{2} \sim \frac{2}{3}\right) U_{(BR)CEO}$。

6）集电极最大允许耗散功率 P_{CM}

由于集电极电流在流经集电结时将产生热量，使集电结温度升高，从而会引起三极管参数变化。当三极管因受热而引起的参数变化不超过允许值时，集电极所消耗的最大功率称为集电极最大允许耗散功率 P_{CM}。由 $P_{CM} = I_C U_{CE}$ 可在三极管的输出特性曲线上得到 P_{CM} 曲线（双曲线），同时根据 I_{CM}、$U_{(BR)CEO}$ 可确定三极管的安全工作区，如图 1-11 所示。

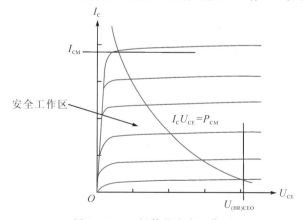

图 1-11 三极管的安全工作区

1.6 特殊三极管

1. 光敏三极管

光敏三极管是一种相当于在基极和集电极接入光电二极管的三极管。为了使光敏三极管对光有良好的响应，其基区面积要比发射区面积大得多，以扩大光照面积。光敏三极管的引脚有 3 个的，也有两个的，在两个引脚的三极管中，光窗口即为基极。光敏三极管等效电路和符号如图 1-12 所示。

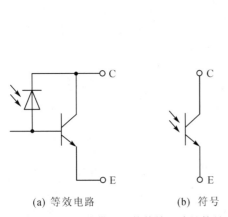

(a) 等效电路   (b) 符号

图 1-12 光敏三极管等效电路及符号

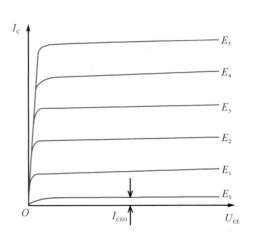

图 1-13 光敏三极管输出特性曲线

光敏三极管用入射光强度 E 的强弱来控制集电极电流。当无光照时，光敏三极管集电极电流 I_{CEO} 很小，称为暗电流。当有光照时，其集电极电流称为光电流，一般约为几毫安。光敏三极管在一般的检测电能和光电转换电路中作为转换元件，其输出特性曲线如图 1-13 所示。

2. 光电耦合器

光电耦合器是把发光二极管和光敏三极管组装在一起而形成的光-电转换器件，其主要原理是以光为媒介，实现了电-光-电的传递和转换。光电耦合器简称光耦，如图 1-14 所示。在光电隔离电路中，为了切断干扰信号的传输途径，电路的输入回路和输出回路必须各自独立，不能共地。由于光电耦合器是以光为媒介传送信号的器件，实现了输出端和输入端的电气绝缘（绝缘电阻大于 $10^{19}\ \Omega$），

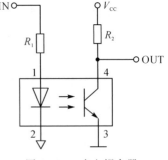

图 1-14 光电耦合器

且耐压在 1 kV 以上，为单向传输，无内部反馈，抗干扰能力强（尤其是抗电磁干扰），因此是一种广泛应用于微机检测和控制系统中光电隔离方面的新型器件。

光电耦合器在远距离信息传输系统中作为终端隔离元件可以大大提高信噪比。在计算机数字通信及实时控制中作为信号隔离的接口器件，可以大大提高计算机工作的可靠性。另外，由于光电耦合器的输入端属于电流型工作的低阻元件，因而具有很强的共模抑制能力。

1.7　场效应管

场效应管(也称为场效应半导体三极管)是只有一种载流子参与导电的半导体器件,是一种用输入电压控制输出电流的器件。因为它的输出电流取决于输入电压的大小,基本上不需要信号源提供电流,所以它的输入电阻很高,可高达 $10^7 \sim 10^{15}$ Ω。场效应管噪声小,功耗低,无二次击穿现象,受温度和辐射影响小,适用于要求高灵敏度和低噪声的电路。场效应管和三极管都能实现信号的控制和放大,但由于结构和工作原理不同,因此二者的差别很大。在某些特殊应用方面,场效应管优于三极管,是三极管无法替代的。场效应管和三极管的性能比较如表 1 - 3 所示。

场效应管

表 1 - 3　三极管和场效应管的性能比较

项目	三 极 管	场 效 应 管
载流子	电子和空穴两种载流子同时参与导电	电子或空穴中一种载流子参与导电
导电方式	载流子浓度扩散及电场漂移	电场漂移
控制方式	电流控制	电压控制
类型	NPN 和 PNP	N 沟道和 P 沟道
放大参数	$\beta = 30 \sim 300$	$g_m = 1 \sim 6$ mA/V
输入电阻	$10^2 \sim 10^4$ Ω	$10^7 \sim 10^{15}$ Ω
噪声	较大	小
热稳定性	差	好
制造工艺	较复杂	简单,成本低,便于集成化

1. 场效应管的分类

根据参与导电的载流子的类型来划分,场效应管分为以电子作为载流子的 N 沟道器件和以空穴作为载流子的 P 沟道器件。从场效应管的结构来划分场效应管分为结型场效应三极管 JEFT 和绝缘栅型场效应三极管 IGFET。IGFET 也称为金属-氧化物-半导体三极管 MOSFET。绝缘栅型场效应管分为 N 沟道和 P 沟道,以及增强型和耗尽型。

1)结型场效应管

结型场效应管有 N 沟道和 P 沟道两种类型,其结构及电路符号如图 1 - 15 所示。N 沟道场效应管为在同一块 N 型半导体上制作两个高掺杂的 P 区,并将它们连接在一起,所引出的电极称为栅极 G,N 型半导体的两端分别引出两个电极,一个称为漏极 D,另一个称为源极 S。P 区与 N 区交界面形成耗尽层,漏极与源极间的非耗尽层区域称为导电沟道。P 沟道场效应管为在同一块 P 型半导体上制作两个高掺杂的 N 区,并将它们连接在一起。

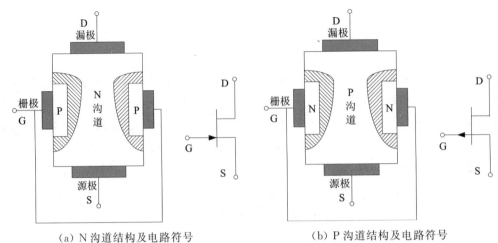

(a) N 沟道结构及电路符号   (b) P 沟道结构及电路符号

图 1-15　结型场效应管结构及电路符号

2）绝缘栅型场效应管

绝缘栅型场效应管的栅极和半导体之间均采用二氧化硅，栅极为金属铝，故简称为 MOS 场效应管。增强型 MOS 场效应管结构及电路符号如图 1-16 所示，耗尽型 MOS 场效应管结构及电路符号如图 1-17 所示。MOS 场效应管的栅极是绝缘的，栅极电流几乎为零，且输入电阻很高，可达 $10^{14}\Omega$ 以上。MOS 场效应管相比于结型场效应管温度稳定性好，集成化时工艺简单，广泛应用于大规模和超大规模集成电路中。

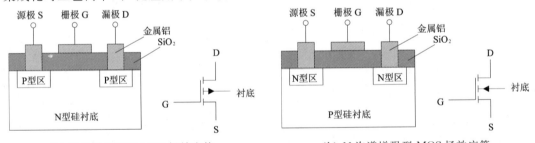

(a) P 沟道增强型 MOS 场效应管   (b) N 沟道增强型 MOS 场效应管

图 1-16　增强型 MOS 场效应管结构及电路符号

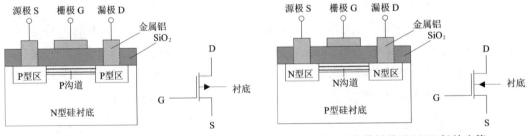

(a) P 沟道耗尽型 MOS 场效应管   (b) N 沟道耗尽型 MOS 场效应管

图 1-17　耗尽型 MOS 场效应管结构及电路符号

2. 场效应管的主要参数

(1) 开启电压 $U_{GS}(th)$（或 U_T）：是 MOS 增强型场效应管的参数，当栅源电压小于开启电压的绝对值时，场效应管不能导通。

（2）夹断电压 U_{GS}(off)（或 U_P）：在结型或耗尽型绝缘栅场效应管中，当 $U_{GS}=U_{GS}$(off) 时，漏极电流等于零时的栅极电压值。夹断的意思是栅极负压增大到一定值时，两 PN 结阻挡层变得很厚，以致导电沟道闭合，关断了电流通路。

（3）饱和漏极电流 I_{DSS}：是耗尽型场效应三极管的 $U_{GS}=0$ 时所对应的漏极电流。

（4）输入电阻 R_{GS}：是场效应三极管的栅源输入电阻的典型值，对于结型场效应管，反偏时 R_{GS} 约大于 10^7 Ω，对于绝缘栅型场效应管，R_{GS} 约为 $10^9 \sim 10^{15}$ Ω。

（5）低频跨导 g_m：反映了栅极-源极电压 U_{GS} 对漏极电流 I_D 的控制作用，g_m 可以在场效应管的转移特性曲线上求取。

（6）最大漏极功耗 P_{DM}：可由 $P_{DM}=U_{DS}I_D$ 决定，与三极管的最大允许耗散功率 P_{CM} 相同。

3. 场效应管的选用

（1）要适应电路的要求。以下情况都可优先选用场效应管：当信号源内阻高，希望得到大的放大倍数和较低的噪声系数时；当信号为超高频且要求低噪声时；当环境变化较强烈时；当信号为弱信号且要求低电流运行时；当要求作为双向导电的开关等场合时。

（2）场效应管的栅极、漏极和源极，一般可以和三极管的基极、集电极和发射极相对应。在使用时，要根据电路要求选择合适的管型。注意漏极-源极电压、栅极-源极电压、漏极电流、漏极功耗不要超过极限使用参数。

（3）结型场效应管的栅极-源极电压不能反接，但可以在开路状态下保存。MOS 场效应管在不使用时，必须将各极引线短路。焊接时，应将电烙铁外壳接地，以防止由于烙铁带电而损坏管子。不允许在电源接通的情况下拆装场效应管。

（4）结型场效应管可用万用表定性检查管子的质量，而绝缘栅型场效应管则不能用万用表检查，必须使用测试仪进行检查。测试仪需有良好的接地装置，以防止绝缘栅被击穿。

（5）场效应管输入电阻很高，特别是 MOS 场效应管。因此，在栅极产生的感应电荷很难通过极高的输入电阻泄放掉，会逐渐积累造成电压升高，很容易把二氧化硅层击穿损坏。为了避免管子击穿，关键是保证栅极不悬空。在保存、焊接管子时要求 3 个电极相互短路。

1.8　集成电路

常用电子元器件

集成电路简称 IC，是将半导体器件（二极管、晶体管及场效应管）、电阻器、电容器以及连接导线集成在一块半导体硅片上，形成一个具有一定功能的电子电路，并封装成一个整体的电子器件。与分立元件相比，集成电路具有体积小、质量轻、性能好、可靠性高、损耗小等优点。

1. 集成电路的分类

（1）按功能及用途分为以下 3 类：

① 模拟集成电路。模拟集成电路用来处理模拟电信号，可分为线性集成电路和非线性集成电路。线性集成电路是指输入、输出信号呈线性关系的电路，如各类集成运算放大器（UA741、LM358、LM324 等）。输出信号不随输入信号而变化的电路称为非线性集成电路，如三端稳压用的 CW7812 和 CW7805，调幅电路用的 BG314 等。

② 数字集成电路。能传输"0"和"1"两种状态信息并完成逻辑运算、存储、转换的集成电路称为数字集成电路。以二极管、三极管为核心器件制作的数字集成电路称为 TTL 集成电路，常见的 TTL 集成电路类型有 74XX、74LSXX、54XX 等。以 MOS 场效应管为核心器件制作的数字集成电路称为 CMOS 集成电路，常见的 CMOS 集成电路类型有 40XX、4XX 等。

③ 模数混合型集成电路。模数混合型集成电路输入模拟信号或数字信号，而输出为数字信号或模拟信号的集成电路，在电路内部有一部分电路用于模拟信号处理，另有一部分电路用于数字信号处理。如转换器 ADC0809、DAC0832、定时器 NE555 等。

(2) 按集成度分为：小规模集成电路(集成度为 100 个元件以内或 10 个门电路以内)、中规模集成电路(集成度为 100～1000 个元件或 10～100 个门电路)、大规模集成电路(集成度为 1000～10 000 个元件或 100 个门电路以上)、超大规模集成电路(集成度为 100000 个元件以上或 1000 个门电路以上)。

(3) 按工艺结构或制造方式分为：半导体集成电路、薄膜集成电路、混合集成电路。

2. 集成电路的外形结构

常见的半导体集成电路的外形结构大致有圆形金属外壳封装、扁平型外壳封装和直插式封装 3 种。

(1) 圆形金属外壳封装。圆形金属外壳封装集成电路采用金属封装，引出线根据内部电路结构不同有 8、10、12 根等多种，一般早期的线性集成电路采用这种封装形式，目前较少采用。

(2) 扁平型外壳封装。扁平型外壳封装集成电路采用陶瓷或塑料封装，引出线有 14、16、18、24 脚等多种，早期的数字集成电路采用这种封装形式，目前高集成度小型贴片式集成电路仍采用这种形式。

(3) 直插式封装。直插式封装集成电路通常采用塑料封装，结构又分为双列直插式和单列直插式两种。直插式封装集成电路工艺简单，成本低，引脚强度大，不易折断。这种集成电路可以直接焊在印制电路板上，也可先用相应的集成电路插座焊装在印制电路板上，再将集成电路块插入插座中，随时插拔，便于测试和维护。

3. 典型集成电路及其使用方法

1) 集成运算放大器(集成运放)

集成运算放大器(简称集成运放)分为通用型和专用型两大类。通用型集成运放各项指标比较均衡，适用于无特殊要求的一般场合，其特点是增益高、共模和差模电压范围宽、正负电源对称且工作稳定。专用型集成运放又分为低功耗型、高速型、高阻型、高精度型、高压型、宽带型等，适用于某些特殊要求的场合。例如，低功耗型运放适用于遥感技术、空间技术等要求能源消耗有限制的场合；高速型主要用于快速 A/D 和 D/A 转换器、锁相环电路和视频放大器等要求电路有快速响应的场合。

集成运放的主要参数包括：差模开环放大倍数(增益)A_{ud}，是集成运放在无反馈情况下的差模放大倍数，是衡量放大能力的重要指标，一般为 100 dB 左右；共模开环放大倍数 A_{uc}，是衡量集成运放抗温漂和抗共模干扰能力的重要指标，应接近于 0；共模抑制比 K_{CMR}，反映集成运放的放大能力，一般为 100 dB 以上；单位增益带宽 UGBW，代表集成运放的增益带宽积，一般集成运放为 100 MHz 以下，宽频带集成运放则为 100 MHz 以上。另外，还有输入失调电压 U_{IO}、输入失调电流 I_{IO}、转换速率 SR 等参数。

集成运放在使用前应进行下列检查：能否调零和消振；检查正负向的线性度和输出电压幅值。若差值偏差大或不能调零，则说明器件已损坏或质量不好。集成运放在使用时，因其引脚较多，因此必须注意引脚不能接错。

2）集成直流稳压器

集成直流稳压器是构成直流稳压电源的核心，具有体积小、精度高、使用方便等特点，因而应用广泛。集成直流稳压器分为三端固定稳压器（CW79XX 系列和 CW79XX 系列，其中 CW78XX 系列为正电压输出，CW79XX 系列为负电压输出，稳压值有 5V、6V、9V、12V、15V、18V、24V）和三端可调集成稳压器（CW117/217/317 输出的是正电压，CW137/237/337 输出的是负电压）。

集成直流稳压器具有较完善的过流、过压和过热保护装置。在使用时应注意以下几点：集成稳压器在满负荷使用时，稳压块必须加装合适的散热片；防止将输入和输出端接反；避免接地端出现浮地故障；当稳压器输出端接有大容量电容器时，应在 U_I 和 U_O 端之间接一个保护二极管，以保护稳压块内部的大功率调整管。

3）数字集成电路

TTL 集成电路以双极型晶体管为开关元件，输入级采用多发射极晶体管形式，开关放大电路也都是由晶体管构成，因此也称为晶体管-晶体管-逻辑（Transistor-Transistor-Logic）。TTL 集成电路在速度和功耗方面都处于现代数字集成电路的中等水平，种类多，互换性强，一般以 74（民用）或 54（军用）为型号前缀。民用 TTL 集成电路的产品有 74LS 系列、74S 系列、74ALS 系列、74AS 系列、74F 系列，这里不做详细说明。

CMOS 集成电路是互补金属氧化物半导体数字集成电路的简称（这里的 C 表示互补的意思），它是由 P 沟道 MOS 晶体管和 N 沟道 MOS 晶体管组合而成的。由于具有微功耗、高集成度、大噪声容限和宽工作电压范围等许多突出的优点，因此 CMOS 集成电路发展速度很快，应用领域也不断扩大，现在几乎渗透到所有的相关领域。尤其是随着大规模和超大规模集成电路的工作速度和密度不断提高，过大的功耗已成为集成电路设计上的一个难题。因此，具有微功耗特点的 CMOS 集成电路已成为现代集成电路的重要组成部分，并且越来越显示出其优越性。CMOS 集成电路的产品主要有 4000B（包括 4500B）、40H 和 74HC 系列。

4. 集成电路的使用方法

（1）使用集成电路时首先必须弄清楚型号、用途和各引脚的功能；正负电源及地线不能接错，电压等级要选择正确，否则会造成集成电路损害。

（2）集成电路正常工作时应不发热或稍微发热，若集成电路发热严重，烫手或冒烟，应立即关闭电源，检查电路接线是否错误。

（3）插、拔集成电路时注意每个引脚都要对准插孔，并且均匀用力，否则将损坏集成电路芯片引脚。

（4）带有金属散热片的集成电路，必须加装适当的散热器，散热器不能与其他元器件接触，否则可能造成短路。

第二章　电子技术实践中应注意的问题

2.1　电子电路设计的一般方法与步骤

电子电路通常是由若干个单元电路组成的，因此设计过程中不仅包括单元电路的设计，还包括总体电路的系统设计。电子电路设计一般包括以下步骤。

1. 总体方案的提出、比较与选择、确定

1) 提出原理方案

对课题的任务、要求和条件进行分析和研究，找出其关键问题是什么，据此提出实现的原理和方法并画出其原理框图，即提出原理方案。

2) 原理方案的比较与选择

原理方案提出后，还必须对所提出的几种方案进行分析比较。在详细的总体方案尚未完成之前，只能就原理方案的简单与复杂、方案实现的难易程度进行分析比较，并做出初步的选择。

3) 总体方案的确定

进行总体方案设计前必须确定总体方案。总体方案框图中的每个功能框只是原理性的，可以由一个单元电路构成，也可以由多个单元电路构成。

2. 单元电路的设计与选择

1) 单元电路结构形式的选择与设计

根据总体方案框图，对图中各功能框分别设计或选择满足其要求的单元电路，必要时应详细拟定出单元电路的性能指标，或择优选择满足要求的单元电路。

2) 元器件的选择

首先考虑满足要求的单元电路对元器件性能指标的要求，其次是考虑价格、货源和元器件体积等。课程实验作为一个教学环节，应当尽量选用实验室已有的元器件。

目前集成电路的应用越来越广泛，电子电路设计应优先选用集成电路。集成电路是具有一定功能的单元电路，它在性能、体积、成本、安装调试和维修等方面优于由分立元件构成的单元电路。

选用集成电路时如果没有特殊要求，应尽量选择通用型的。TTL 集成电路和 CMOS 集成电路应尽量选用常用的器件，既可以降低成本，又可以满足可靠性，不要盲目追求高性能指标，满足要求即可。

3) 参数计算

参数计算要灵活运用理论公式，有时也需要估算。课题一般给的是总体性能指标，因此首先需要对指标进行分解，确定单元电路功能要求，然后进行参数计算。

3. 单元电路之间的级联设计

各单元电路确定以后，要处理好单元电路之间的级联问题。如果级联问题处理不好，将会影响单元电路和总体电路的稳定性和可靠性。

1）电气性能相互匹配

单元电路之间电气性能相互匹配的问题主要有阻抗匹配、线性范围匹配、负载能力匹配。

关于阻抗匹配问题，从提高放大倍数和负载能力考虑，后级输入电阻要大（接收信号能力强），前级输出电阻要小（带负载能力强）。从改善频率响应角度考虑，要求后一级输入电阻要小。

线性范围匹配问题涉及前后级单元电路中信号的动态范围。显然，为保证信号不失真放大，则要求后级单元电路的动态范围大于前级电路。

负载能力的匹配实际上是前级单元电路能否正常驱动后级单元电路的问题。特别是在末级单元电路中，由于需要驱动执行机构，因此如果驱动能力不够，则末级单元电路应增加功率驱动单元。

在模拟电路中，如果对驱动能力要求不高，则可以采用由集成运算放大器构成的电压跟随器，否则需要采用功率集成电路或互补对称输出电路。在数字电路中，可以采用达林顿驱动器、射极输出器或单管反相器。当然，并非一定要增加驱动电路，在负载不是很大的场合调整电路参数就可以满足要求，可根据负载大小而定。

2）信号耦合方式

常用的单元电路耦合方式有直接耦合、阻容耦合、变压器耦合和光电耦合 4 种。

3）时序配合

单元电路之间信号作用的时序在数字系统中是非常重要的。哪个信号作用在前，哪个信号作用在后，以及作用时间长短等，都是根据系统能正常工作的要求而决定的。一个数字系统有固定的时序。时序配合错乱，将导致系统不能正常工作。

时序配合是一个十分复杂的问题，为确定每个系统所需要的时序，首先必须对系统中各单元电路的信号关系进行分析，画出各信号的时序图，确保系统正常工作，然后提出实现该时序的措施。

单纯的模拟电路不存在时序问题，但在模拟电路与数字电路混合组成的系统中是存在时序问题的。

2.2　电子电路的手工焊接技术

手工焊接是电子产品设计的重要环节，是工科类学生必须掌握的技能。随着电子元器件的封装更新换代加快，由原来的直插式改成平贴式，元器件电阻、电容经过了 1206、0805、0603、0402 贴片式后已发展为 0201 平贴式，手工焊接的难度也随之增加。在焊接过程中稍有不慎就会损坏元器件，或造成虚焊。因此，进行手工焊接之前必须掌握焊接原理、焊接方法和焊接质量的评定。

1. 焊锡丝的组成与结构

常用的焊锡丝有铅 SnPb（Sn 63％，Pb 37％）焊锡丝和无铅 SAC（Sn 96.5％，Ag 3.0％，Cu 0.5％）焊锡丝。焊锡丝内部是空心的，这个设计是为了存储助焊剂（松香），在满足加焊锡的同时又能均匀地加上助焊剂。不同的焊锡丝成分比率不同，其功能用途也不相同，如表 2-1 和表 2-2 所示。

表 2-1 SnPb 焊锡丝比较

锡线合金成分/（％）	熔点/℃	特 点	用 途
Sn63/Pb37	183	易焊、光亮性能最佳	用于电脑、精密仪器与仪表、电视机、微电子焊接
Sn60/Pb40	183～190		
Sn55/Pb45	183～203	品质稳定性价比高	用于电子屏、计算器、普通电子、家用电器焊接
Sn50/Pb50	183～216		
Sn45/Pb55	183～227	成本较低焊接一般	用于玩具、灯泡、工艺品等一般线路焊接
Sn40/Pb60	183～238		
Sn35/Pb65	183～245		

表 2-2 主流的无铅锡丝比较

规 格	熔点/℃	拉伸强度	延伸率/％	扩展率/％	用 途
Sn-Cu0.7	227	30	45	70	成本低，是目前最常用的一种无铅焊料，用于一般要求的焊接
Sn-Ag3.5	222	38	54	75	成本较低，焊点较亮
Sn-Ag3.5-Cu0.5	217	40	58	78	成本较高，焊点较亮，各项性能优良，用于较高要求焊接
Sn-Ag0.5-Cu0.5					
Sn-Ag3.0-Cu0.7					

焊锡丝的作用：达到元器件在电路中的导电要求和元器件在 PCB 板上的固定要求。焊锡丝一般用于焊接铜、铁或带有锡层的金属材料，铝材不能用焊锡丝焊接，要用特殊的方法才能焊接，或者用螺钉连接。

2. 电烙铁的基本知识

1）电烙铁的基本组成

电烙铁（简称为烙铁）由手柄、发热丝（也称电阻丝）、烙铁头、电源线、恒温控制器、烙铁头清洗架组成。

2）电烙铁的作用及工作原理

电烙铁在手工锡焊过程中具有加热焊区各被焊金属、熔化焊料、运载焊料和调节焊料用量的作用。电烙铁的工作原理为：电阻丝在电能的作用下发热，通过热的传导作用把热能传导给烙铁头，烙铁头加热后可用来进行焊接。电烙铁接通电源后，在额定电压下，由电阻丝阻值所决定的功率发热。

3）电烙铁的分类

常用的电烙铁分为外热式和内热式两大类。其原理都是让电流通过电烙铁内部的电阻丝而发热，再供热给烙铁头，使烙铁头温度升高。

外热式电烙铁因发热电阻丝在电烙铁的外面而得名。它既适合焊接大型的元器件，也适用于焊接小型的元器件。由于发热电阻丝在烙铁头的外部，有大部分的热量散发到外部空间，所以加热效率低，加热速度缓慢，一般要预热6～7 min才能焊接。其体积较大，焊接小型元器件时不方便。外热式电烙铁的烙铁头具有使用时间较长，功率较大的优点，有25 W、30 W、50 W、75 W、100 W、150 W、300 W等规格。

内热式电烙铁的烙铁头套在电阻丝的外部，使热量从内部传到烙铁头，具有热得快、加热效率高、体积小、重量轻、耗电少、使用灵巧等优点，适合于焊接小型的元器件。但由于其烙铁头温度高而易氧化变黑，烙铁芯易被摔断，且功率小，因此只有20 W、35 W、50 W等规格。

内热式电烙铁的电阻丝可靠性比外热式要差，其烙铁头的温度也不便于调节，不太适合于初学者使用。外热式电烙铁的电阻丝套在烙铁头的外面，结构牢固，经久耐用，热惯性大，工作时温度较为恒定，温度的调节比较方便，是目前广泛使用的结构形式。

4）电烙铁头

烙铁头的外形主要有直头、弯头之分，其工作端的形状有锥形、铲形、斜劈形、专用特制形等。通常在小功率电烙铁上使用直头锥形，铲形适合于75 W以上的电烙铁。烙铁头形状的选择可以根据加工对象和个人习惯来决定。普通电烙铁头都是用热容比大、导热率高的纯铜(紫铜)制成的。由于锡和铜之间有很好的亲和力，因此熔融的焊锡容易被吸附在烙铁头上。

5）使用电烙铁注意事项

(1) 使用前的上锡：在使用电烙铁时，必须先通电并给烙铁头"上锡"，否则使用时会出现"焊不动"现象。若当烙铁头不好上锡，应先接上电源，然后当烙铁头温度升高到能熔锡时，再将烙铁头在松香上沾涂一下，等松香冒烟后再沾涂一层焊锡，如此反复进行2～3次，使烙铁头的刃面全部吸附上一层锡，才可使用。

(2) 注意电烙铁不宜长时间通电而不使用。电烙铁如果长时间通电而不使用，容易使烙铁电阻丝加速氧化而烧断，缩短其寿命，同时也会使烙铁头因长时间加热而氧化，不再"吃锡"。

(3) 使用过程中注意不要敲击电烙铁头以免损坏。内热式电烙铁连接杆钢管壁厚只有0.2 mm，不能用钳子夹以免损坏。

3. 手工焊接

1）焊接原理

焊接是一门科学，它的原理是通过热的烙铁将固态焊锡丝加热熔化，再借助于助焊剂的作用使其流入被焊金属之间，待冷却后形成牢固可靠的焊接点。当焊料为锡铅合金以及焊接面为铜时，进行焊接时焊料会先对焊接表面产生润湿，伴随着润湿现象的发生，焊料逐渐向金属铜扩散，在焊料与金属铜的接触面形成附着层，使两侧牢固地结

手工焊接技术

合起来。

2）焊接前检查

（1）焊接前 3～5 min 把电烙铁的电源插头插入规定的插座上，检查烙铁是否发热。如果不发热，先检查插座是否插好。如插好仍不发热，需要更换电烙铁。

（2）已经氧化成凹凸不平或带钩的烙铁头应该更换，以保证良好的热传导效果以及保证被焊接物的品质。如果换上新的烙铁头，受热后应将保养漆擦掉，并立即上锡保养。

（3）烙铁的清洗要在焊锡作业前实施，如果 5 min 以上不使用烙铁，需关闭电源。用海绵清洗烙铁时，应先要把海绵清洗干净，因为不干净的海绵中含有金属颗粒或硫都会损坏烙铁头。

（4）检查人体和烙铁是否可靠接地，人体是否佩戴静电环。

3）焊接操作姿势

焊剂加热挥发出的化学物质对人体是有害的，如果操作时鼻子距离烙铁头太近，则很容易将有害气体吸入。一般烙铁与鼻子的距离应不小于 30 cm，通常以 40 cm 为宜。

手握电烙铁的姿势有 3 种，如图 2-1 所示。反握法动作稳定，长时间操作不宜疲劳，适于大功率电烙铁的操作。正握法适于中等功率电烙铁或带弯头电烙铁的操作。一般在操作台上焊接印制板等焊件时多采用握笔法。

正握法　　　　　　　　　　反握法　　　　　　　　　　握笔法

图 2-1　手握电烙铁的姿势

手握焊锡丝一般有两种姿势，如图 2-2 所示。由于锡丝成分中铅占一定比例，铅是对人体有害的重金属，因此操作时应戴手套或操作后洗手，避免食入。

连续锡焊时　　　　　　　　　　　　断续锡焊时

图 2-2　手握焊锡丝的姿势

使用电烙铁时要配置烙铁架，烙铁架一般放置在工作台右前方。电烙铁用后一定要放置在烙铁架上，并注意导线等物不要碰触烙铁头，以免被烙铁烫坏绝缘层后发生短路。

4）五步工程法训练

手工焊接的具体操作步骤可分为五步，称为五步工程法。在焊接操作过程中，注意烙铁头必须先与被焊件接触进行预热，对被焊件进行预热是防止产生虚焊的重要手段。正确的五步工程法训练如图 2-3 所示。

图 2-3 五步工程法训练

五步工程法焊接是获得良好焊点的关键技术之一。在实践操作过程中，最容易出现的一种违反操作步骤的做法是烙铁头不是先与被焊件接触，而是先与焊锡丝接触，熔化的焊锡滴落在尚未预热的被焊部件上，这样很容易产生焊点虚焊，因此烙铁头必须先与被焊件接触进行预热。

五步工程法具体操作步骤为：

① 准备施焊：准备好焊锡丝和烙铁，烙铁头部要保持干净才可上锡(俗称吃锡)。

② 加热焊件：用烙铁接触焊接点，注意首先要使烙铁加热被焊件各部分，例如使印制板上的引线和焊盘都受热，其次要注意让烙铁头的扁平部分(较大部分)接触热容量较大的被焊件，烙铁头的侧面或边缘部分接触热容量较小的焊件，以保持焊件受热均匀。

③ 熔化焊料：当焊件加热到能熔化焊料的温度后将焊锡丝置于焊点，焊料开始熔化并润湿焊点。

④ 移开焊锡：当熔化一定量的焊锡后将焊锡丝移开。

⑤ 移开烙铁：当焊锡完全润湿焊点后移开烙铁，注意移开烙铁的方向应该是大致 45° 的方向。

5) 焊接技术

焊接技术是指电子电路制作中常用的金属导体与焊锡之间的熔合技术。焊锡是用熔点约为 183℃ 的铅锡合金制成，市场上常制成条状或丝状，有的焊锡含有松香，使用起来更加方便。

印制电路板一般分为单面板和双面板两种。印制电路板上面的通孔一般是非金属化的，但为了使元器件焊接在电路板上更加牢固可靠，现在印刷电路板的通孔都采用了金属化处理。将元器件引线焊接在普通单面板上的方法为：

(1) 直通剪头。元器件引线直接穿过通孔，焊接时使适量的熔化的焊锡在焊盘上方均匀地包围沾锡的引线，形成一个圆锥体模样，待其冷却凝固后，把多余部分的引线剪去。

(2) 直接埋头。穿过通孔的引线只露出适当长度，熔化的焊锡把引线头埋在焊点里面。这种方法形成的焊点近似半球形，虽然美观，但要注意防止出现虚焊。

6) 焊接技巧

(1) 烙铁头与两被焊件的接触方式。

接触位置：烙铁头应同时接触要互相连接的两个被焊件(如焊脚和焊盘)，烙铁一般倾斜 45°，应避免只与其中一个被焊件接触。当两个被焊件热容量相差较大时，应适当调整烙铁倾斜角度，使热容量较大的被焊件与烙铁的接触面积增大。烙铁与焊接面的倾斜角越小，热传导能力越强。

(2) 焊锡丝的供给方法。

焊锡丝的供给应掌握 3 个要领，即供给时间、供给位置和供给数量。

供给时间：原则上被焊件温度达到焊料的熔化温度时应立即送上焊锡丝。

供给位置：在电烙铁和被焊件之间，并尽量靠近焊盘。

供给数量：焊锡盖住焊盘后焊锡应高于焊盘直径的 1/3。

（3）焊接时间。

焊接时间由实际情况决定，以焊接一个锡点 4 s 最为合适，最大不超过 8 s。使用过程中应观察烙铁头，当其发紫时，则温度设置过高，需要降低温度。对于直插式元器件，将烙铁头的实际温度设置为 350℃～370℃；对于贴片式元器件，烙铁头的实际温度设置为 330℃～350℃。当焊接大的元件引脚时，温度不要超过 380℃，但可以增大烙铁功率。

7）拆焊技巧

当元器件焊接安装出现错误时，应拆除焊接好的元器件。拆除元器件也需要一定的技巧和经验，实际操作中常借助于吸锡器，将元器件引脚焊锡去除干净，然后轻微晃动即可拆除。这种方法对于多插件式引脚芯片非常适合。对于贴片元器件常用热风枪拆除，也可用 K 型烙铁拆除。这种方法若没经验则容易损伤元器件引脚。在拆焊过程中，烙铁的温度不宜过低，也不能过高，且烙铁头一般不需要留锡。拆除元器件时烙铁接触被焊件片刻后应迅速拔去元器件，且拔除元器件时，不可用力过猛，以免损坏元器件。拆焊部位要及时清理，并需认真检查是否存在因拆焊而造成相邻电路出现短路或开路问题。

8）焊接后检查

（1）用完电烙铁后应将烙铁头的余锡在海绵上擦拭干净。

（2）将烙铁座上的锡珠、锡渣、灰尘等清除干净，然后把电烙铁放在烙铁架上。

（3）将清理好的电烙铁放在工作台相应位置上。

4. 锡点质量的判定

1）标准锡点的判定

（1）锡点成内弧型。

（2）锡点要圆满、光滑，无针孔和松香渍。

（3）要留有线脚，线脚的长度为 1～1.2 mm。

（4）元器件引脚外形可见，锡的流散性好。

（5）锡将整个上锡部位及元器件引脚包围。

2）不标准锡点的判定

（1）虚焊：焊点处只有少量的锡，造成接触不良，时通时断。

（2）短路：元器件的引脚之间被多余的焊锡所连接，造成短路。

（3）偏位：对于贴片式元器件，由于此元器件在焊前定位不准，或在焊接时容易造成失误，因此可导致引脚不在规定的焊盘区域内。

（4）少锡：锡点太薄，不能将焊盘充分覆盖，造成连接不牢固。

（5）多锡：元器件引脚完全被锡覆盖及形成外弧形，使元器件外形和焊盘位不能看到，造成不能确定元器件及焊盘上锡是否良好。

（6）锡球、锡渣：电路板表面附着多余的焊锡球、锡渣，可能会导致短路，损坏电路。

（7）极性反向：元器件极性方位与加工要求不一致，即极性错误。

3）不良焊点可能产生的原因

（1）形成锡球，锡不能散布到整个焊盘。原因可能是烙铁温度过低，或烙铁头太小，或焊盘氧化。

（2）移开烙铁时形成锡尖。原因可能是烙铁头温度低，助焊剂没熔化不起作用；或者烙铁头温度过高，助焊剂挥发掉了；或焊接时间太长。

（3）锡表面不光滑，起皱。原因可能是烙铁温度过高，或焊接时间过长。

（4）松香散布面积大。原因可能是烙铁头拿得太平。

（5）出现锡珠。原因可能是锡线直接从烙铁头上加入，或加锡过多、烙铁头氧化、敲打烙铁。

（6）焊接时松香已经变黑。原因可能是温度过高。

2.3　电子电路调试的方法与步骤

电子电路调试的方法与步骤

由于电子电路设计要考虑的因素很多，加之元器件性能的分散性，以及许多人为因素的影响，一个组装好的电子电路必须经过调试才能满足设计要求。

1. 调试方法

电子电路调试方法有分块调试法和整体调试法两种。

1）分块调试法

分块调试法是把总体电路按功能分为若干个模块，对每个模块分别进行调试。各个模块的调试顺序按照信号的流向，一块一块地进行，并逐步扩大调试范围，最终完成整个电子电路的调试。

分块调试法又分为两种方式：一种是边安装电路边调试，即按照信号流向逐个调试模块；另一种是总体电路一次组装完成后，再分块调试。

分块调试法的优点为：问题出现的范围小，可及时发现，易于解决。所以，此种方法适用于新设计的电子电路。

2）整体调试法

整体调试法是把整个电路组装完成后，不进行分块调试，而是实行一次性总体调试。显然，它只适于定型产品或某些需要相互配合、不能分块调试的产品。

无论是分块调试法还是整体调试法，调试的内容都应包括静态调试与动态调试两部分。静态调试一般是指在没有外加输入信号的条件下，测试电路各点的电位，比如测试模拟电路的静态工作点，数字电路各输入端和输出端的高、低电平和逻辑关系等。动态调试包括调试信号的幅值、波形、相位差、频率、放大倍数及时序逻辑关系等。如果电子电路中包括模拟电路、数字电路和控制器系统三个部分，由于对输入信号的要求各不相同，故一般不允许直接整机调试，而应分为三部分分别进行调试后，再进行整机调试。

2. 调试步骤

调试步骤如下：

（1）检查电路。任何组装好的电子电路，在通电调试之前，必须认真检查电路连线是否有错误。特别要注意电源正负极是否接错，电源与地是否短接，器件及引脚是否接错，元器件是否连接牢固。

（2）通电观察。通电观察前，一定要先检查电源电压值，然后才能给电路接通电源。电源一经接通，不要急于用仪器观测波形和数据，而是要观察电子电路是否有异常现象，如冒烟、异常气味、异响、器件是否发烫等。如果有异常现象，应立即切断电源，进行排查。

（3）静态调试。静态调试是指先不给电子电路加输入信号，只观测电路有关结点的电位是否正常。对于模拟电路，需要测量其静态工作点；对于数字电路，需要测量其逻辑电平及逻辑关系。

（4）动态调试。动态调试是指给电子电路加上输入信号，观测电路输出信号是否符合要求。对于模拟电路，需要观测输出波形是否符合要求；对于数字电路，需要观测输出信号波形、幅值、脉冲宽度、相位差及逻辑关系是否符合要求。

采用分块调试法时，除输入级采用外加输入信号外，其他各级应采用前级的输出信号或用信号注入法输入信号。

（5）指标测试。电子电路经过静态调试和动态调试正常之后，即可对电子电路的技术指标进行测试，确定其是否满足设计要求。如不符合设计要求，一般是对某些元器件的参数加以调试，若仍达不到要求，则应对相应部分电路进行修改，甚至要对整个电路加以修改，或重新设计。

调试过程中的注意事项。

（1）采用分块调试法时，对那些非信号流向中的电路应首先单独进行调试，之后才能按信号流向顺序对信号流向中的电路进行分块调试。这些电路包括作为电路电源的直流稳压电路、作为电路时钟信号的振荡电路、作为电路节拍控制的节拍信号发生器等。

（2）调试前，应熟悉所使用仪器的使用方法，调试时，应注意仪器的地线与被测试电路的地线是否接好，以避免因为仪器使用不当而做出错误的判断。

（3）调试过程中不能带电操作，无论是更换元器件，还是更换连线，一定要关断电源。

（4）调试过程中，要勤于记录，因为调试记录是分析电路及其性能的重要证据。初学者不仅要对电子电路的技术指标测试进行记录，还要对调试过程中出现的非正常现象进行记录。非正常现象记录包括故障现象、故障原因分析、解决措施等。

随着电子技术的快速发展，电路仿真软件的功能日益强大。按照功能要求设计出完整的电路后，即可用 Multisim 电路仿真软件进行仿真，仿真通过后，再在实验箱上搭建电路。另外，利用仿真软件可以研究所需电路多种实现方法，可弥补实验条件的不足。

2.4　故障诊断技术

当电子电路发生故障后，就不能正常工作了，需要找到故障点并排除故障，恢复正常的工作状态。寻找故障点，排除故障，恢复原来的工作状态需要掌握模拟电路、数字电路和电路分析的基本理论，同时要具有一定技巧和经验。为了在较短的时间内快速找到故障点和排除故障，必须了解该电路的基本功能，从原理上分析故障可能出现的位置，从而快速地找出故障元器件。

故障诊断就是采用适当的方法查找、判断和确定故障具体位置和原因。在电子电路故障检测过程中，要参考以下方法，并灵活运用，正确分析。

1. 观察法

观察法是通过肉眼观察发现电子电路故障的方法，是借助各种仪器设备进行通用检测的第一步。观察法分为静态观察法和动态观察法。

1) 静态观察法

静态观察法又称为不通电观察法，需仔细观察，否则不能发现故障。观察时应注意元器件有无相碰、断线、烧坏等。对于实验电路或焊接电路板，要对照原理图检查接线有无错误，是否存在短路现象，元器件是否符合设计要求，芯片引脚有无插错方向或折断，有无漏焊、虚焊等故障。

2) 动态观察法

动态观察法又称为通电观察法。电路通电后，要看电路内有无打火、冒烟等现象；要听电路内有无异常声音；要闻元器件有无异味。如果发现异常现象应立即断电，并用手触摸元器件，感觉元器件是否发烫。对于高压、大电流电路，故障诊断时要防止触电和烫伤。

通过观察法有时可以确定故障原因，但大多数情况下并不能确定故障准确部位及原因。例如，一个集成电路芯片发热，原因可能是工作电压过大，也可能是周边电路故障，既可能是负载过大也可能是电路自激振荡，当然也不排除芯片本身损坏。因此，电子电路的故障诊断必须配合其他检测方法分析判断，找出故障原因。

2. 测量法

测量法是故障诊断中使用最广泛、最有效的方法，根据故障诊断时检测的电参数特性，又可分为电阻法、电压法、电流法、波形法和逻辑状态法。

1) 电阻法

电阻是各种电子元器件和电路的基本特征，利用万用表测量电子元器件或电路各点之间电阻值来判断故障的方法称为电阻法。电阻法分为"在线"和"离线"两种方式。

"在线"测量需要考虑被测元器件受其他并联支路的影响，测量结果应对照原理图进行分析判断。"离线"测量需要将被测元器件从整个电路或印制电路板上拆下来，操作较麻烦，但结果准确可靠。

电阻法对确定开关、接插件、导线的通断，以及电阻器的损坏、电容器的短路、电感线圈断路等故障非常有效而且快捷，但对晶体管、集成电路以及电路单元一般不能直接判断故障，需要对比分析或使用其他方法。由于电阻法不需要给电路通电，可以将检测风险降低到最小，因此在故障检测过程中经常使用。

2) 电压法

电子电路正常工作时，电路各点都有一个确定的工作电压。电压法就是通过测量工作电压来判断故障的方法，是通电检测手段中最基本、最常用的方法。电压法可分为交流电压测量和直流电压测量两种。

（1）交流电压测量。一般电子电路中交流回路较为简单，对于工频电压升压或降压后的电压只需使用万用表合适的 AC 量程进行测量。测高压时要注意安全并养成单手操作的习惯。对于非工频电压，例如变频器输出电压的测量需要考虑所用电压表的频率特性，一般指针式万用表频率范围为 45～2000 Hz，数字式万用表频率范围为 45～500 Hz，对超过范围或非正弦波信号的测量结果都不正确。

（2）直流电压测量。直流电压测量一般分为 3 个步骤：首先，测量稳压电路输出端是否正常；其次，各单元电路及电路的"关键点"电压是否正常；最后，电路主要元器件，例如晶体管、芯片各引脚电压是否正常（对集成电路要先测量电源端）。注意，在测量晶体管的集电极电压时，应尽量避免万用表表笔使用不当而使集电极和基极短路导致晶体管损坏。测量共地元器件时也应避免出现短路问题。

3）电流法

电子电路正常工作时，各部分工作电流是稳定的。电流法就是通过测量工作电流来判断故障的方法。电流法分直接测量法和间接测量法。直接测量法是将电流表串联在被测回路中，测量时需要断开响应线路，操作不方便。间接测量法是用测量电压的方法测量出电压值，然后换算成电流值。电流法快捷方便，但如果所选的测量点的元器件有故障，则不容易准确判断故障。

4）波形法

对交变信号产生和处理电路来说，用示波器观察信号通路各点的波形是最直观、最有效的故障检测方法。用示波器观察信号波形包括以下几个方面：

（1）波形的有无和形状：如果测出某点波形没有或形状相差较大，则故障发生于该点所在电路的可能性较大。

（2）波形失真：在放大或缓冲等电路中，若电路参数失配、元器件选择不当或损坏都会引起波形失真，通过分析波形和电路可以找出故障原因。

（3）波形参数：利用示波器测量波形的各种参数，如幅值、周期、相位等，并与正常工作时的波形参数对照，则可找出故障原因。

5）逻辑状态法

对数字电路而言，只需判断电路各部位的逻辑状态即可确定电路工作是否正常。数字逻辑状态主要有高、低电平两种状态，另外还有脉冲串及高阻状态。因而可以使用逻辑笔进行电路检测。

3. 跟踪法

信号传输电路包括信号产生、信号处理、信号执行，其在现代电子电路中占有很大比例。这种电路的检测主要工作是跟踪信号的传输环节，即称这种方法为跟踪法。跟踪法分为信号寻迹法和信号注入法两种。

1）信号寻迹法

信号寻迹法是根据信号产生和处理电路的信号流向寻找信号踪迹的检测方法，具体分为正向寻迹（由输入到输出顺序查找）、反向寻迹（由输出到输入顺序查找）、等分寻迹 3 种。

2）信号注入法

信号注入法是在信号处理电路的各级输入端输入已知的测试信号，通过终端指示器（如数码管、扬声器、频率计等）或检测仪器来测量输出信号，从而找出电路故障的检测方法。对于本身不带信号发生电路或信号发生电路有故障的信号处理电路采用信号注入法是最有效的检测方法。应用此法时要注意：信号注入顺序根据具体电路可采用正向、反向或中间注入的顺序；注入信号的性质和幅值要根据电路和注入点进行变化；输入信号与被测电路要选择合适的耦合方式，例如交流信号要串联接入合适的电容，直流信号要串联接入适当的电阻，使信号与被测电路阻抗匹配。

4. 替换法

替换法是用规格、性能相同的正常元器件代替电路中可能损坏的器件，从而判断故障位置的一种检测方法，也是电路调试、检修中最常用和最有效的方法之一。替换法包括元器件替换、单元电路替换、部件替换。

5. 简易故障诊断法

由于影响电子电路工作的因素复杂，出现故障是难以避免的，关键是应尽量减少故障和不出大故障，且出现故障时能快速排除。

在模拟电路中，常见的故障有静态工作点异常、电路输出波形异常、带负载能力差、电路自激振荡等；在数字电路中，常见的故障有逻辑功能不正常、时序错乱、带不起负载等。发现某个电路有无故障一般不是很难，难的是确定故障的原因和位置。因此需要利用信号注入法，逐级观测各级模块的输出是否正常，从而找出故障所在模块。

查找故障模块内部故障点的步骤如下：

（1）检查元器件引脚电源电路，确定电源是否已连接且电压值是否正常。

（2）检查电路关键点上电压的波形和参数是否符合要求。

（3）断开故障模块的负载，判断故障来自故障模块本身还是负载。

（4）对照原理图，仔细检查故障模块内部电路是否有错。

（5）检查可疑的故障处的元器件是否已损坏。

（6）检查用于观测的仪器是否存在问题，使用是否得当。

（7）重新分析原理图，判断电路图设计是否存在问题，并进一步分析原理、参数等。

当然，想要快速查出故障，必须熟悉电路各部分原理、波形、性能指标。有时虽然不用逐级判断也能找到故障原因，但是需要实践经验的积累。

电子电路最常见的故障原因有：

（1）电源线断路、参数不正确、极性接反。

（2）元器件引脚接反。

（3）集成电路插反，未按引脚标记插接芯片。

（4）用错集成电路芯片。

（5）元器件已坏或质量差。

（6）二极管和稳压管极性接反，电解电容器极性接反。

（7）连线接错、开路、短路。

（8）接插件接触不良。

（9）焊点虚焊、短路。

（10）元器件参数不对称。

电子电路中的一种故障现象并非只对应一种故障原因，而是需要把涉及的故障原因一一排除，最终确定故障原因是哪个。例如，电路中的 TTL 与非门输出电压恒为高电平，原因有以下多方面：

（1）输出端连线开路或与电源线短接。

（2）TTL 与非门内部驱动管开路。

（3）有一条输入线与地短路。

2.5 抗干扰技术

大多数电子电路都是在小电流条件下工作的，尤其是 CMOS 集成电路更是在微安级电流下工作，再加上器件与电路的灵敏度都较高，因此，电子电路很容易因干扰而导致工作失常。

1. 电子电路中常见的干扰

电子电路中常见干扰如下：

(1) 来自电网的干扰。

(2) 来自地线的干扰。

(3) 来自信号通道的干扰(主要是长线)。

(4) 来自空间电磁辐射的干扰。

其中，危害最大的是来自电网和地线的干扰。干扰是总客观存在的，因此电子电路只能是适应环境，抑制干扰，加强电子系统的抗干扰能力，以保证电子电路的可靠运行。

2. 常见的干扰及抗干扰措施

1) 电网干扰及抗干扰措施

大多数电子电路的直流电源都是由电网交流电源经过整流、滤波、稳压后提供的。若电子系统附近有大型电力设备接于同一个交流电源线上，那么电力设备的启停将产生频率很高的浪涌电压叠加在 50 Hz 的电网电压上。为防止交流电源线引入的干扰，常用的抗电网干扰措施如下：

(1) 在电子电路中增加交流稳压器，只用于较大型的电子系统，以及对抗干扰要求较高的场合。

(2) 在电子电路中增加电源滤波器，接在电源变压器之前，其特性可使交流 50 Hz 基波通过，而滤去高频干扰，改善电源波形。一般小功率的电子电路可采用小电感和大电容构成的滤波器。

（3）在电子电路中采用有屏蔽层的电源变压器，这是常见的抗电源干扰措施。

（4）在电子电路中采用 $0.01 \sim 0.1~\mu F$ 的无极性电容，并接到直流稳压电路的输入端和输出端以及集成芯片的电源引脚上，用以滤掉高频干扰。

2）地线干扰和抗干扰措施

地线干扰是存在于电子系统内的干扰。由于电子系统各部分电路往往共用一个直流电源，或者虽然不共用同一电源，但不同电源之间往往共地，因此，当各部分电路的电流均流过公共地电阻（地线导体电阻）时便产生电压降，该电压降便成为各部分之间相互影响的噪声干扰信号，即所谓的地线干扰。常用的抗地线干扰措施如下：

（1）尽量采用一点接地。对印制电路板采用串联接法，并可适当加大地线宽度。

（2）强信号电路（即功率电路）和弱信号电路的"地"应分开，然后再接"公共地"。

（3）模拟"地"和数字"地"要分开，然后再接"公共地"，不能交叉混连。

（4）无论哪种方式接地，接地线均应短而粗，以减小接地电阻。

第三章　电子技术仿真软件 Multisim

Multisim 是美国国家仪器(NI)公司推出的以 Windows 为基础的 EDA 仿真工具软件，适用于板级的模拟/数字电路板的设计工作，包含了电路原理图的图形输入和电路硬件描述语言输入，具有丰富的仿真分析能力。使用 Multisim 可以快速进行捕获、仿真和分析电路，完成电路设计。Multisim 经历了多个版本的演变，本教程以 Multisim 14 为例作为电路仿真软件进行介绍。

3.1　Multisim 14 操作界面简介

Multisim 14 软件以图形界面为主，采用菜单、工具栏和热键相结合的方式，具有 Windows 应用软件的界面风格。

1. Multisim 14 的主窗口界面

启动 Multisim 14 后，将出现如图 3-1 所示的主窗口界面。界面由标题栏、菜单栏、工具栏、原理图绘制区、状态栏、工作信息窗口等多个区域组成。Multisim 14 仿真软件可以实现汉化，用户在安装软件过程中，可以自行选择。

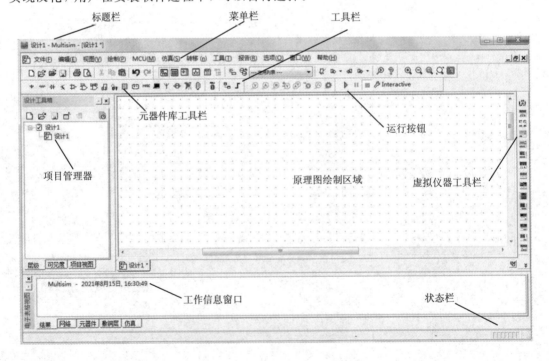

图 3-1　Multisim 的主窗口界面

（1）标题栏：用于显示文件名称，文件名称可以通过"另存为"命令进行修改。

（2）菜单栏：菜单栏中包含了 Multisim 14 的所有功能菜单。其中有一些功能菜单选项与大多数工科类软件是相同的，如文件、编辑、视图、选项、帮助。另外，还有一些专用的菜单选项，如绘制、MCU、仿真、转移和工具等。

（3）工具栏：工具栏中包含了对目标文件进行建立、保存、放大、缩小、插入图形文字、测试、仿真等各种操作的功能按钮，这些功能按钮的命令在菜单栏的分级菜单中都可以找到。利用 Multisim 进行电子电路设计，必须要熟练掌握元器件库工具栏和虚拟仪器工具栏的使用。

（4）原理图绘制区：是 Multisim 14 仿真软件的主工作窗口。在该窗口中，可以进行元器件放置、电路连线、仿真测试、数据分析等工作。

（5）状态栏：用以显示仿真状态、时间等信息。

（6）工作信息窗口：用以显示和输出，如网络形式、元器件连接、PCB 图层等参数。

2. 元器件库操作界面

元器件库工具栏如图 3-2 所示，包含了所有元器件库的打开按钮。单击其中任何一个按钮就会弹出一个多窗口的元器件库操作界面，如图 3-3 所示。

图 3-2　元器件库工具栏

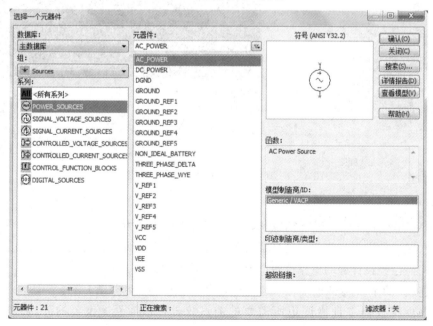

图 3-3　元器件库操作界面

在元器件库"数据库"窗口下，元器件库被分为"主数据库""企业数据库""用户数据库"3类。元器件库共分为18组，每一个组又分为若干元器件系列，显示于"系列"窗口内。"元器件"窗口显示的内容，是在"系列"窗口被选中的元器件名称列表。在"符号"窗口显示被选中元器件的符号，单击"确认"按钮可以将选中元器件拖曳至原理图绘制区。

3. 虚拟仪器操作界面

虚拟仪器工具栏如图3-4所示，包含了在进行模拟电路、数字电路和模数混合电路仿真时所需要的各种测试分析仪器。单击虚拟仪器工具栏中各种测试仪器图标即可将测试仪器拖曳至原理图绘制区，然后单击鼠标左键确认。通过测试仪器的外接端子将仪器接入电路，就可使用该仪器。在原理图绘制区双击测试仪器图标可弹出或隐藏测试仪器控制面板，在测试仪器控制面板中可以进行参数设置、查看显示等操作。例如双通道示波器的图标和面板如图3-5所示。

万用表　函数发生器　瓦特计　示波器　四通道示波器　波特测试仪　频率计数器　字符发生器　逻辑变换器　逻辑分析仪　IV分析仪　失真分析仪　光谱分析仪　网络分析仪　Agilent函数发生器　Agilent万用表　Agilent示波器　Tektronix示波器　LabVIEW仪器　电流探针

图3-4　虚拟仪器工具栏

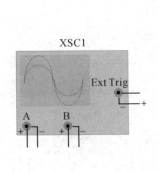

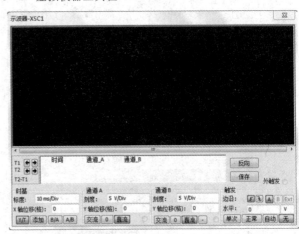

图3-5　双通道示波器图标和控制面板图

4. Multisim 14的仿真步骤

利用Multisim 14软件进行模拟和数字电路仿真的步骤为：

（1）在元器件库工具栏中找到所需要的元器件后放置在原理图绘制区。

（2）按照已经设计好的电路原理图修改元器件参数。

（3）连线，即将元器件连接在一起构成具有一定功能的电路图。

（4）在虚拟仪器工具栏调用所需要的测试仪器，并将测试仪器的外接端子与电路图连接。

（5）设置所调用测试仪器的仿真参数以满足测量要求。

（6）单击工具栏中的"运行"按钮或者通过快捷键 F5，开始电路仿真分析。

5. Multisim 14 的电路仿真分析

Multisim 14 提供了详细的电路分析方法，有助于进行电子电路的设计与开发。电路分析方法主要包括：电路直流工作点分析、交流分析、瞬态分析、稳态分析、离散傅里叶分析、噪声分析、失真分析、直流扫描分析、灵敏度分析、温度扫描分析、零点极点分析、传递函数分析、最坏情况分析等。借助这些分析方法，可方便地分析电路的各种特性，如放大电路的静态工作点、放大电路的频率特性、电路波形变换、数字电路的逻辑状态、555 定时器的输出波形等。另外，也可以利用测试仪器对电路功能状态进行分析。

3.2 模拟电路仿真应用举例

1. 二极管限幅电路仿真

二极管限幅电路仿真步骤如下：

（1）双击电脑桌面的"Multisim 14.0"图标，打开仿真软件。

（2）放置元器件并修改参数。单击元器件库工具栏的"二极管库"图标，打开元器件调用窗口，在"系列"窗口中选择"DIODES_VIRTUAL"，在"元器件"窗口中选择"DIODE"，然后单击"确认"按钮，即可在原理图绘制区得到二极管器件，如图 3-6 所示。同理，电阻器调用过程为"Basic/RESISTOR/500Ω"；直流电源调用过程为"Sources/POWER_SOURCES/DC_POWER"；信号源选择低频小信号，调用过程为"Sources/SIGNAL_VOLTAGE_SOURCES/AC_VOLTAGE"。在 Multisim 14 仿真软件中所有的设计电路必须接地，否则不能运行。接地的调用过程为"Sources/POWER_SOURCES/GROUND"。

（3）当所有元器件选择完成以后，在原理图绘制区双击各个元器件，对元器件进行参数设置。设置信号源为正弦波信号，峰值电压为 5 V，频率为 200 Hz，如图 3-7 所示，直

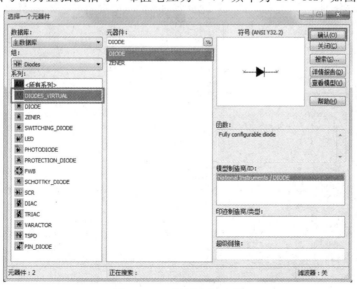

图 3-6 二极管选择过程

流电源设置为 3 V。根据设计电路，用连线将所有元器件连接在一起，构成二极管限幅电路，如图 3-8 所示。

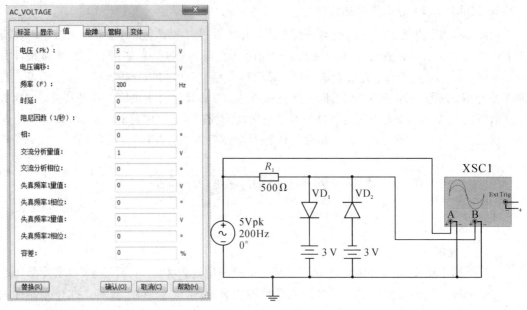

图 3-7 信号源参数设置   图 3-8 二极管限幅仿真电路

（4）调用虚拟仪器工具栏中的示波器，将示波器与电路相连，用示波器测量信号源和输出端电压的波形。

（5）单击"运行"按钮对电路进行仿真测量，示波器的输出波形如图 3-9 所示。通过示波器窗口可观察到，当信号源电压为 4.963 V 时，输出端电压为 3.679 V，当信号源电压为 -4.960 V 时，输出端电压为 -3.679 V。由此可知二极管限幅电路将输入波形的幅值限定在 ±3.679 V 之间。

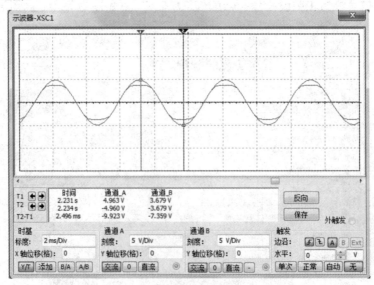

图 3-9 二极管限幅电路输入输出波形

注意：在选择元器件过程中，仿真电路中的元器件皆可在数据库中调用，调用过程相同，后面的仿真项目将不再详细说明。

2. 分压偏置放大电路仿真

分压偏置放大电路仿真步骤如下：

（1）在相应的元器件库中找到所需元器件，调用元器件并连线，构成分压偏置放大电路，如图 3-10 所示。

分压偏置放大电路仿真

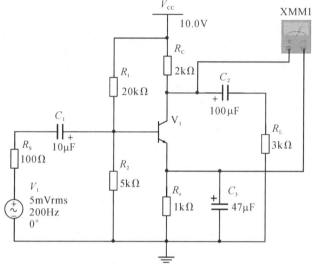

图 3-10　分压偏置放大电路

（2）只有静态工作点合适，三极管才能获得良好的交流性能，因此必须给三极管设置合适的静态工作点。首先，选择菜单栏中"仿真"选项，并在下拉菜单中选中"Analyses and simulation"，此时出现一个新窗口，在新窗口中选择"直流工作点分析"并在"输出"选项中添加电压变量 V(1)～V(6)。然后，单击"Run"按钮，出现"图示仪视图"窗口，显示电压变量的数值，其中 V(5) 为三极管集电极对地电压，V(3) 为三极管基极对地电压，V(4) 为三极管发射极对地电压，如图 3-11 所示。因此，该放大电路 $U_{CEQ} = V(5) - V(4) = 6.497V$，符合要求。另外，也可以通过万用表直接读取 U_{CEQ} 的值。

图 3-11　三极管静态工作点分析结果

（3）观察放大电路瞬时波形。观察放大电路瞬时波形有两种方法，一种是瞬态分析法，另一种是用示波器分析法。瞬态分析法是一种时序分析，不管是否有输入，都可以分析电路的节点电压波形。具体方法为：首先，选择菜单栏中"仿真"选项，并在下拉菜单中选中"Analyses and simulation"，此时出现一个新窗口，在新窗口中选择"瞬态分析"并在"输出"选项中添加电压变量 V(6)；然后单击"Run"按钮，出现"图示仪视图"窗口，在此窗口中会显示负载 R_L 输出电压的波形，如图 3 - 12 所示。

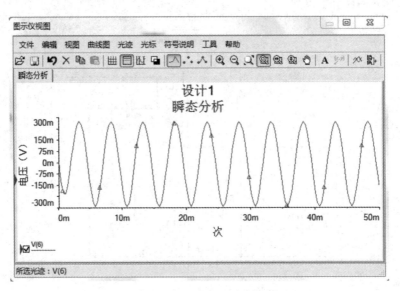

图 3 - 12　瞬态分析法负载 R_L 输出电压波形图

示波器分析法是观察电路瞬时波形最常用、最直观的方法。具体方法为：输入 $f=200\ Hz$、$U_i=5\ mV$ 的正弦波信号，打开示波器，调整示波器面板设置，观测放大电路的输入和输出电压波形，如图 3 - 13 和图 3 - 14 所示。由图 3 - 14 可知，在 T1＝5.326 s 时刻，输入正弦波信号的峰值为 6.688 mV；在 T2＝5.328 s 时刻，输出正弦波信号的峰值为 268.788 mV，根据峰值可以近似计算出电路放大倍数为 40。

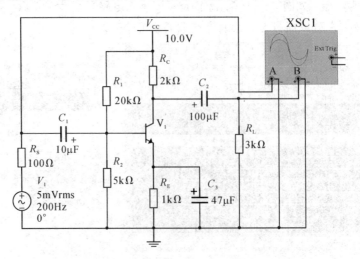

图 3 - 13　分压偏置放大电路与示波器连线图

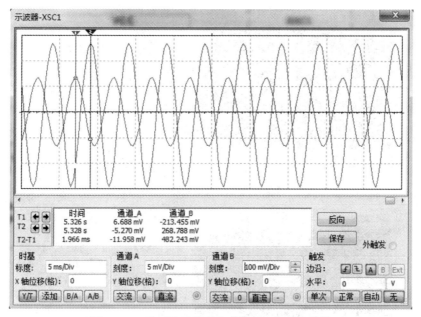

图 3-14　分压偏置放大电路输入、输出波形图

（4）测量分压偏置放大电路的频率响应。测量分压偏置放大电路的频率响应也有两种方法，一种方法是对电路进行交流分析，另一种方法是借助虚拟仪器中的波特测试仪进行测试。频率响应结果以幅频特性曲线和相频特性曲线来显示。

对放大电路进行交流分析以正弦波为输入信号。具体方法为：首先，选择菜单栏中"仿真"选项，并在下拉菜单中选中"Analyses and simulation"，此时出现一个新窗口，然后在新窗中选择"交流分析"，设置好每个标签项的参数，最后单击"Run"按钮，即可得到幅频特性曲线和相频特性曲线。

频率响应分析常采用虚拟仪器中的波特测试仪进行，用"IN"端测量输入端，用"OUT"端测量输出端，电路连接如图 3-15 所示。进行测试时需要对波特测试仪面板的参数进行设置，该放大电路的幅频特性曲线和参数设置如图 3-16 所示，相频特性曲线和参数设置如图 3-17 所示。

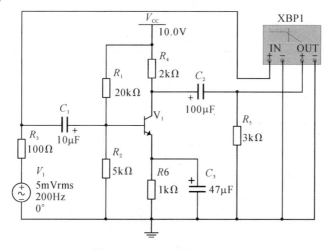

图 3-15　分压偏置放大电路与波特测试仪连线图

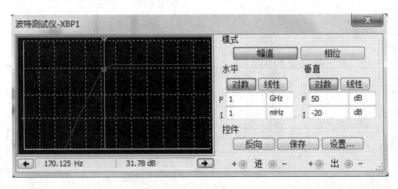

图 3-16　放大电路的幅频特性和参数设置

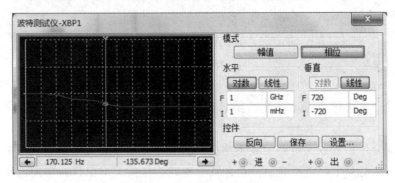

图 3-17　放大电路的相频特性和参数设置

（5）设置分压偏置放大电路中三极管 V_1 的静态工作点。当分压偏置放大电路的三极管 V_1 静态工作点设置得不合适时，输出波形将产生截止失真和饱和失真。将 R_2 的阻值增大为 50 kΩ，基极电压变大，输出波形上半周期峰值大于下半周期峰值，波形产生饱和失真，如图 3-18 所示。将 R_2 的阻值减小为 3 kΩ，基极电压变小，输出波形上半周期峰值小于下半周期峰值，波形产生截止失真，如图 3-19 所示。

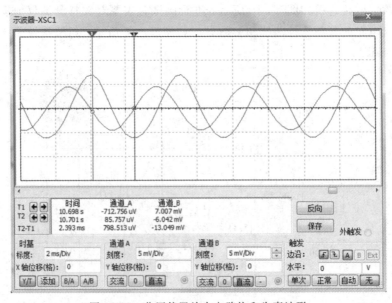

图 3-18　分压偏置放大电路饱和失真波形

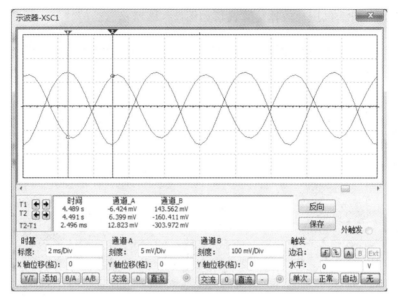

图 3 - 19　分压偏置放大电路截止失真波形

3. 集成运放应用电路仿真

集成运放应用电路仿真步骤如下：

（1）在相应的元器件库中找到所需元器件，调用元器件并连线，构成同相比例运算电路，如图 3 - 20 所示。

集成运算放
大器仿真

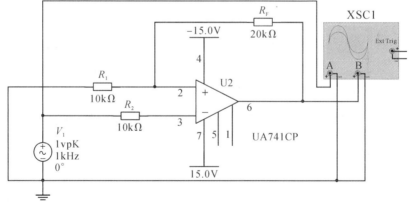

图 3 - 20　同相比例运算电路

（2）单击"运行"按钮，并双击示波器图标，可得到输入输出波形，如图 3 - 21 所示。由波形可以看出，输入波形和输出波形相位相同，符合同相比例运算规律。移动游标至 T2＝3.874 s 时刻，从图 3 - 21 可以得到输入电压峰值为 989.743 mV，输出电压峰值为 2.969 V，则放大倍数 $A_u＝U_o/U_i≈3$，与理论计算数值相同。

（3）在相应的元器件库中找到所需元器件，调用元器件并连线，构成电压比较器电路，如图 3 - 22 所示。电压比较器参考电压为 3 V，当反相输入端电压大于为 3 V 时，输出端输出 $-U_{OM}$；当反相输入端电压小于 3 V 时，输出端输出 $+U_{OM}$。稳压管型号为 1N5231B，其稳压值为 5.1 V，再加上串接的另一稳压管的正向导通电压 0.7 V，因此稳压电路实现了

±5.8 V的限幅输出。电压比较器仿真波形如图3-23所示。

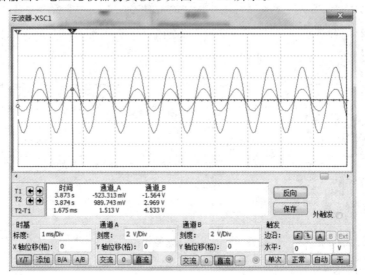

图3-21 同相比例运算电路仿真波形

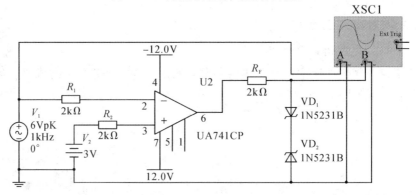

图3-22 电压比较器仿真电路

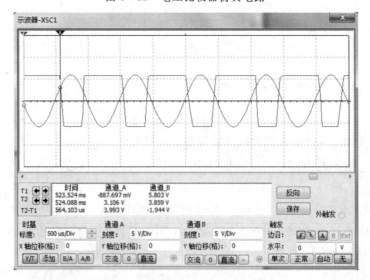

图3-23 电压比较器仿真波形

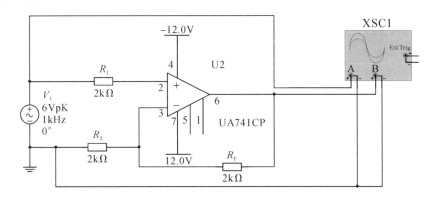

图 3-24　反相滞回比较器

（4）构建反相滞回比较器，如图 3-24 所示。在反相滞回比较器电路中，集成运放 UA741 引入正反馈，使比较器有两个阈值电压，即

$$U_{\mathrm{T}} = \pm \frac{R_2}{R_2 + R_{\mathrm{F}}} U_{\mathrm{OM}} \tag{3-1}$$

式中，U_{OM} 为集成运放的饱和电压。

当 UA741 电源电压为 ±12 V 时，U_{OM} 为 10 V，则 $U_{\mathrm{T}} = \pm 5$ V。反相滞回比较器仿真波形如图 3-25 所示，由图可得 U_{T} 的数值约为 ±5 V，与理论分析相一致。利用示波器也可以观测滞回曲线，操作过程为：如果滞回比较器的输入信号由示波器通道 A 测量，输出信号由示波器通道 B 测量，则在示波器面板中"时基"设置区域选择"B/A"选项，即可得到反相滞回比较器的滞回曲线，如图 3-26 所示。

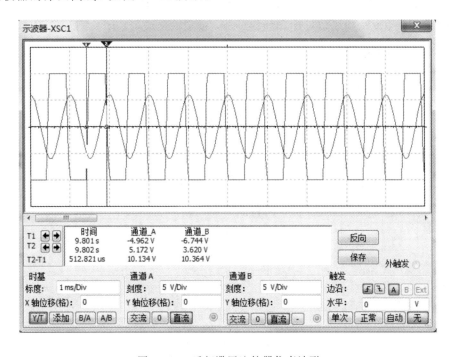

图 3-25　反相滞回比较器仿真波形

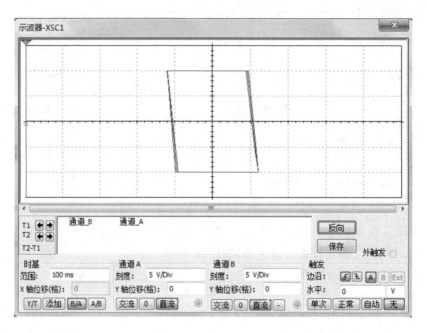

图 3-26　反相滞回比较器滞回曲线

4. 波形发生电路仿真

波形发生电路仿真步骤如下：

（1）在相应的元器件库中找到所需元器件，调用元器件并连线，构成 RC 桥式正弦波振荡电路，如图 3-27 所示。R_1、C_1、R_2、C_2 构成正反馈支路同时兼作选频网络。R_3、R_4、R_5、R_6 和二极管 VD_3、VD_4 构成负反馈和稳幅环节，稳定输出波形。R_7、VD_1、VD_2 构成限幅电路，用以限制振荡电路的输出。

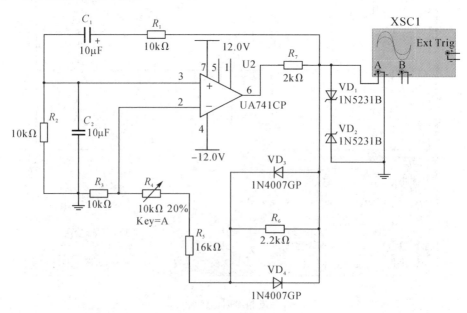

图 3-27　RC 桥式正弦波振荡电路

改变选频网络 R_1、C_1、R_2、C_2 的参数，即可调节振荡频率。一般采用调节电容作为频率量程切换，而调节电阻作为量程内的频率细调。R_4 为可变电阻，调节 R_4 的阻值，可以改变负反馈深度，以满足振荡的振幅条件和改善波形。如果电路不能起振，说明负反馈太强，应适当加大 R_4 的阻值。如波形失真严重，应适当减小 R_4 的阻值。由于硅管的温度稳定性好，因此仿真电路中 VD_3、VD_4 的型号选择 1N4007GP。且要求二极管特性匹配，这样才能保证电路输出波形正、负半周对称。VD_3、VD_4 和 R_6 并联可以削弱二极管非线性影响，改善波形失真。

（2）观察电路仿真输出波形，分以下几种情况。

① 不接二极管 VD_3、VD_4，当$(R_4 + R_5 + R_6) < 2R_3$时，正弦波振荡电路输出波形为 0 V 直线，即电路没有产生起振。

② 增加 R_4 的阻值，使$(R_4 + R_5 + R_6) > 2R_3$，此时观察到电路逐渐起振。当电路未接限幅电路时，电路起振产生的最大振幅受到 UA741 供电电源的限制。

③ 当接入限幅电路后，电路的最大振幅受到限幅电路的影响。电路起振后输出信号振幅逐渐增大，如图 3-28 所示。稳定后的波形不是标准的正弦波，上、下峰值处会出现截止的现象，此时继续增大 R_4 的阻值，输出波形会变成矩形波。

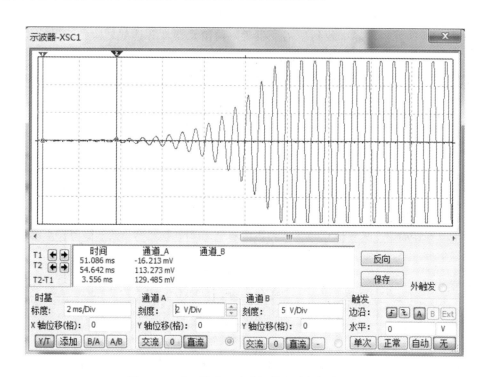

图 3-28 *RC* 桥式正弦波振荡电路起振波形图

④ 调整 R_4 的阻值，使$(R_4 + R_5 + R_6) = 2R_3$，可得到标准的正弦波，如图 3-29 所示。

⑤ 接入二极管 VD_3、VD_4，电路起振并趋于平稳后，即可得到稳定的正弦波输出，其振幅取决于限幅电路。在正弦波振荡电路中，由于稳压管 VD_1、VD_2 的稳压值为 5.1 V，因此正弦波的幅值约为 ± 5.8 V。若不接稳幅电路，则只能通过手动来调节。

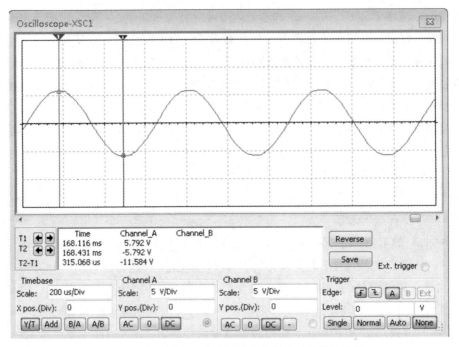

图 3-29 *RC* 桥式正弦波振荡电路标准正弦波波形图

（3）在相应的元器件库中找到所需元器件，调用元器件并连线，构成矩形波发生器电路，如图 3-30 所示。其中，R_1、R_2、R_{w1} 构成正反馈支路；C_1、R_3、R_{w2} 和二极管 VD_3、VD_4 构成负反馈支路；R_4、VD_1、VD_2 构成限幅电路，用以限制输出电压。

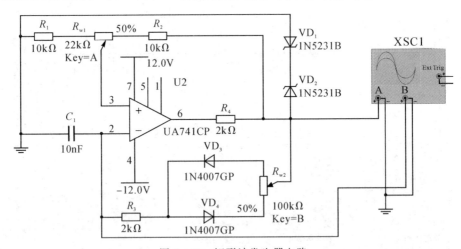

图 3-30 矩形波发生器电路

矩形波发生器主要由运算放大器和 *RC* 积分器两部分组成，输出电压通过负反馈对电容 C_1 进行充放电，从而在输出端得到稳定的矩形波信号。调节电位器 R_{w1}，可以改变振荡频率，但是 C_1 两端波形（近似三角波）的幅值也随之变化。如果要互不影响，则可以通过改变 R_1 或 C_1 参数来实现振荡频率的调节。调节电位器 R_{w2}，电容 C_1 的充放电路径发生变化，从而可以调节矩形波信号占空比。当电位器 R_{w2} 的比值为 50%，电容 C_1 的充电时间和放电时间相同时，所得矩形波信号占空比为 50%，如图 3-31 所示，图中矩形波信号的幅值为 ±5.8 V。

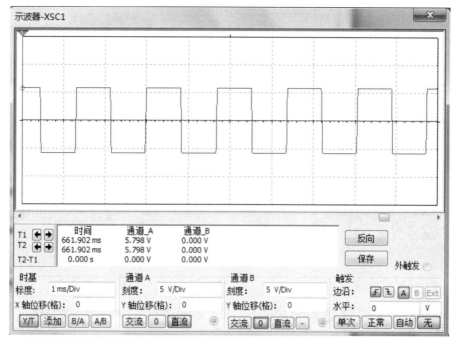

图 3-31　占空比 50%的矩形波波形

（4）在相应的元器件库中找到所需元器件，调用元器件并连线，构成矩形波-三角波发生器电路，如图 3-32 所示。矩形波-三角波发生器由两级集成运放组成，第一级集成运放为同相滞回比较器，第二级集成运放为积分器，把两者首尾相接构成正反馈闭环系统。

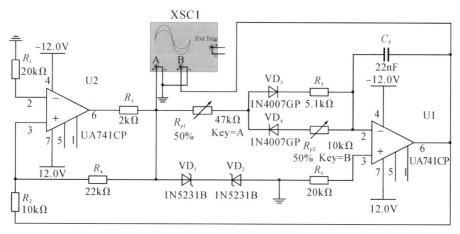

图 3-32　矩形波-三角波发生器电路

同相滞回比较器输出的矩形波经过积分器后变换为三角波，三角波通过正反馈触发同相滞回比较器自动翻转形成矩形波，从而形成矩形波-三角波发生器。由于积分器采用集成运放，因此可实现恒流充电，使三角波线性大大改善。在矩形波-三角波发生器电路中，通过调节电位器 R_{P1} 可以改变振荡频率；改变 R_2 和 R_4 的阻值可以调节三角波的幅值；调节电位器 R_{P2} 可以改变占空比。矩形波-三角波发生器仿真波形如图 3-33 所示。

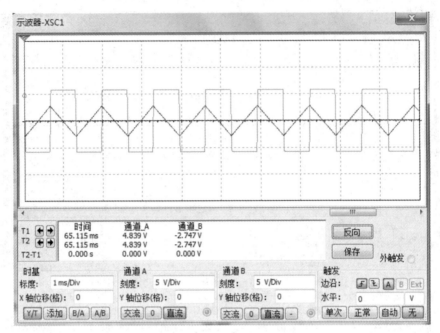

图 3-33　矩形波-三角波发生器仿真波形

3.3　数字电路仿真应用举例

1. 数字逻辑电路仿真

数字逻辑电路仿真步骤如下：

（1）首先选择 TTL 器件库并调用"74LS"系列元器件，选取所需要的门电路并连线，然后在虚拟仪器工具栏上选择逻辑变换仪（其最右侧的接线端子为输出端，其余 8 个接线端子为输入端），并连入电路中，构成如图 3-34 所示的数字逻辑电路图。

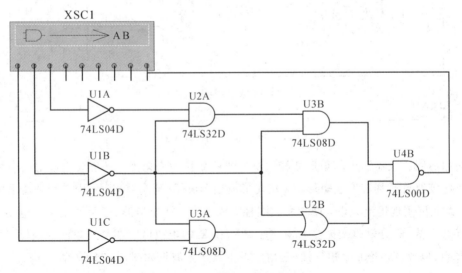

图 3-34　数字逻辑电路图

在图 3 - 34 中，74LS04 为反相器，74LS32 为二输入或门，74LS08 为二输入与门，74LS00 为二输入与非门。通过逻辑变换器，可以对数字逻辑电路进行仿真，直观地得到输出端的逻辑状态。数字逻辑电路所对应的真值表如图 3 - 35 所示，从数字逻辑电路同时也可以得到逻辑电路的最小项表达式和最简表达式。数字逻辑电路描述方法转换图标说明如表 3 - 1 所示。

表 3 - 1　数字逻辑电路描述方法转换图标说明

选 项	说 明
⊅ → 10|1	逻辑图转换为真值表
10|1 → A|B	真值表转换为最小项表达式
10|1 ⟶SIMP A|B	真值表转换为最简表达式
A|B → 10|1	表达式转换为真值表
A|B → ⊅	表达式转换为逻辑图
A|B → NAND	表达式转换为"与非－与非"形式的逻辑电路

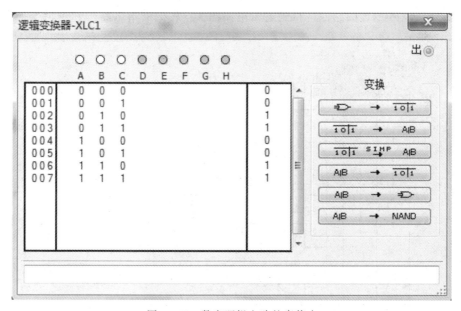

图 3 - 35　数字逻辑电路的真值表

利用逻辑变换器，既可以把任意数字逻辑电路转换为真值表，得到最简表达式，又可以把任意表达式转换为真值表、逻辑图和"与非-与非"形式的逻辑电路。例如，可把逻辑表达式 $Y = \overline{A}BC + A\overline{B}C + AB\overline{C} + ABC$（三人表决器）转换为逻辑电路图，并得到真值表和最简表达式。

（2）把逻辑表达式转换为逻辑电路图。双击打开逻辑变换器，在逻辑变换器控制面板

电子技术基础与实践

最下面的方框中输入"$A'BC+AB'C+ABC'+ABC$",如图 3-36 所示。

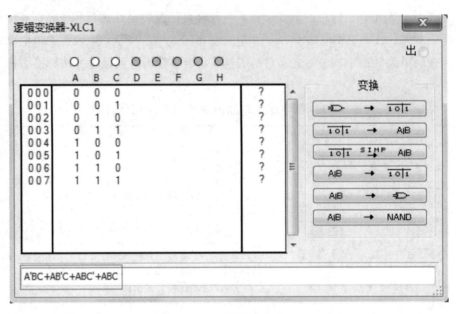

图 3-36　逻辑表达式输入

（3）将逻辑电路图和逻辑变换器连接。首先在逻辑变换器控制面板中单击"表达式转换为逻辑图"图标，在原理图绘制区得到逻辑电路图。然后把逻辑电路图和逻辑变换器连接，如图 3-37 所示。

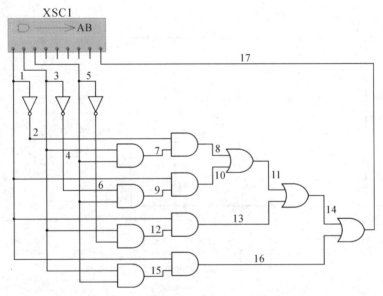

图 3-37　逻辑电路和逻辑变换器连接图

（4）将逻辑电路图转换为真值表。再次打开逻辑变换器，在逻辑变换器控制面板中单击"逻辑图转换为真值表"图标，得到 $Y=A'BC+AB'C+ABC'+ABC$ 所对应的真值表，如图 3-38 所示。

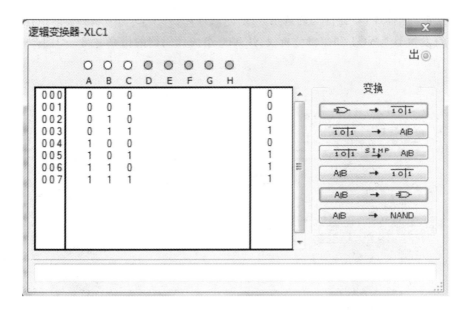

图 3-38 逻辑表达式的真值表

（5）将真值表转换为最简表达式。根据逻辑表达式的真值表，在逻辑变换器控制面板中单击"真值表转换为最简表达式"图标，得到 $Y=A'BC+AB'C+ABC'+ABC$ 所对应的最简表达式 $Y=AC+AB+BC$，如图 3-39 所示。经过验证，Multisim 仿真软件化简的结果与实际结果相同。

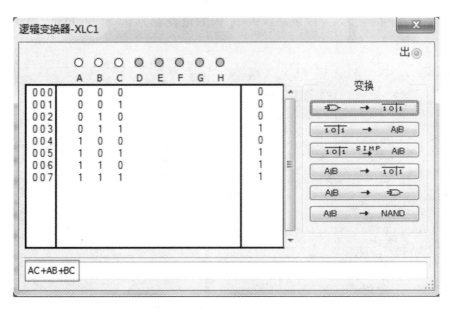

图 3-39 逻辑表达式的最简表达式

2. 组合逻辑电路仿真

1）译码器电路仿真

译码器电路仿真步骤如下：

合加器仿真

（1）首先，选择 TTL 器件库并调用 3 线-8 线译码器 74LS138，然后在虚拟仪器工具栏上选择字符发生器 XWG1 和逻辑分析仪 XLA1，组成译码器的仿真电路，如图 3-40 所示。

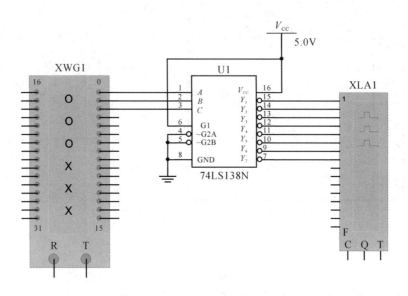

图 3-40　译码器仿真电路

（2）首先，双击字符发生器 XWG1，打开其对话框，如图 3-41 所示。在"控件"选项中选择"循环"按钮，在"显示"选项中选择"十进制"显示，在字符信号编辑区编写"0000000000～0000000007"，"频率"设置为 1 kHz。然后，在"控件"选项中单击"设置"按钮打开"设置"对话框，如图 3-42 所示，将"缓冲区大小"的数值设置为 0008，并单击"接受"按钮完成设置。

图 3-41　字符发生器 XWG1 对话框

图 3-42　缓冲区设置对话框

（3）单击"运行"按钮，并双击逻辑分析仪 XLA1 打开其对话框显示仿真结果，如图 3-43 所示。由仿真结果可知，在字符发生器 XWG1 的作用下，译码器 74LS138 输出端 $Y_0 \sim Y_7$ 每间隔 1 ms 输出一次低电平，与实际功能相符。

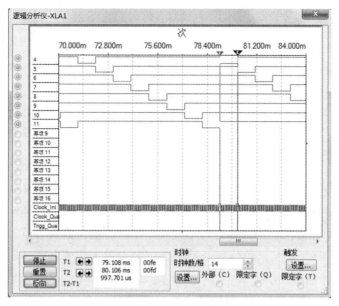

图 3 - 43 74LS138 仿真结果

2）全加器电路仿真

全加器电路仿真步骤如下：

（1）分析设计要求，列真值表。数据选择器的功能是从多个数据中选择一个作为输出，是数字电路中的多路开关。已知双四选一数据选择器 74LS153 的逻辑表达式为

$$Y = D_0 \overline{A_1} \, \overline{A_0} \overline{S} + D_1 \overline{A_1} A_0 \overline{S} + D_2 A_1 \, \overline{A_0} \overline{S} + D_3 A_1 A_0 \overline{S} \qquad (3-2)$$

式中，D_0、D_1、D_2、D_3 是 4 个数据输入端；A_1、A_0 是地址输入端；$\overline{S}$ 是使能端，低电平有效；Y 是输出端。

利用 74LS153 设计全加器，设计要求为：全加器有 3 个输入变量，分别为加数 A，被加数 B，低位向本位的进位 C_i；两个输出变量，本位和 S，本位向高位的进位 C_o。全加器的真值表如表 3 - 2 所示。

表 3 - 2　全加器真值表

A	B	C_i	C_o	S
0	0	0	0	0
0	0	1	0	1
0	1	0	0	1
0	1	1	1	0
1	0	0	0	1
1	0	1	1	0
1	1	0	1	0
1	1	1	1	1

（2）得出所需要的逻辑表达式。由全加器真值表列出 S 和 C_o 函数表达式为

$$S = \overline{A}\overline{B}C_i + \overline{A}B\overline{C_i} + A\overline{B}\overline{C_i} + ABC_i \qquad (3-3)$$

$$C_o = \overline{A}BC_i + A\overline{B}C_i + AB\overline{C_i} + ABC_i \qquad (3-4)$$

根据 S 和 C_o 的函数表达式，对照 74LS153 的逻辑表达式，若要实现全加器功能，需要满足

$$1D_0 = C_i, \ 1D_1 = \overline{C_i}, \ 1D_2 = \overline{C_i}, \ 1D_3 = C_i$$

$$2D_0 = 0, \ 2D_1 = C_i, \ 2D_2 = C_i, \ 2D_3 = 1$$

（3）全加器电路设计完成以后，可以用发光二极管的亮灭来验证设计的正确性。具体方法为选择 TTL 器件库调用数据选择器 74LS153 和反相器 74LS04；在基本元器件库中调用开关，调用过程为"Basic/SWITCH/SPDT"，并为 A、B 和 C_i 提供输入信号；在二极管库中调用发光二极管，调用过程为"Diodes/LED/LED_red"。连接好的仿真电路如图 3-44 所示。当开关全部拨到高电平，即 $A = B = C_i = 1$，若发光二极管全亮，则可说明电路设计正确。

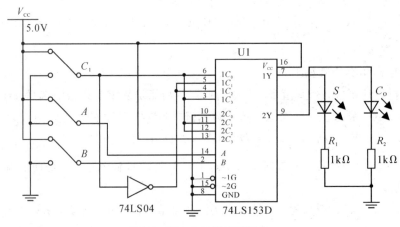

图 3-44　全加器仿真结果

3. 时序逻辑电路仿真

1）流水灯逻辑电路仿真

流水灯逻辑电路仿真步骤如下：

（1）分析设计要求。移位寄存器是指寄存器中所存的代码能够在移位脉冲的作用下依次左移或右移。每当来一个时钟脉冲，触发器的状态向右或向左移一位。74LS194 是一个 4 位双向移位寄存器，利用移位寄存器的特点就可以设计 8 路流水灯循环显示电路。

（2）选择 TTL 器件库并调用移位寄存器 74LS194；脉冲信号选择电压信号源，调用过程为"Sources/SIGNAL_VOLTAGE_SOURCES/CLOCK VOLTAGE"；双击电压信号源，设置幅值为 5 V，频率为 1 Hz，占空比为 50%；在指示器库中调用指示灯，调用过程为"Indicators/PROBE/ PROBE_DIG_ORANGE"；各器件选择完成以后，连线创建流水灯右移逻辑电路，如图 3-45 所示，指示灯 Y_8 连接移位寄存器 U1 的 2 脚（SR 引脚），指示灯 Y_4 连接移位寄存器 U2 的 2 脚（SR 引脚）。

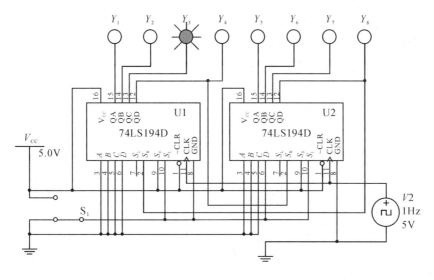

图 3-45　流水灯右移逻辑电路

（3）仿真分析：首先，开关 S_1 接通 5 V 电源，移位寄存器 74LS194 的工作模式为 $S_1S_0=11$，寄存器处于置数功能，使输出端 $Y_1\sim Y_8=00000001$，即指示灯 $Y_1\sim Y_7$ 灭，Y_8 亮。然后，将开关 S_1 拨到接地端，工作模式变成 $S_1S_0=01$，寄存器处于右移功能，$Y_1\sim Y_8$ 每间隔 1 s 逐个点亮一下。

同理，指示灯 Y_5 连接移位寄存器 U1 的 7 脚（SL 引脚）；指示灯 Y_1 连接移位寄存器 U2 的 7 脚（SL 引脚），创建流水灯左移逻辑电路，如图 3-46 所示。开关 S_1 接通 5 V 电源，移位寄存器 74LS194 工作模式为 $S_1S_0=11$，寄存器处于置数功能。然后，将开关 S_1 拨到接地端，工作模式变成 $S_1S_0=10$，寄存器处于左移功能，$Y_8\sim Y_1$ 每间隔 1 s 逐个点亮一下。

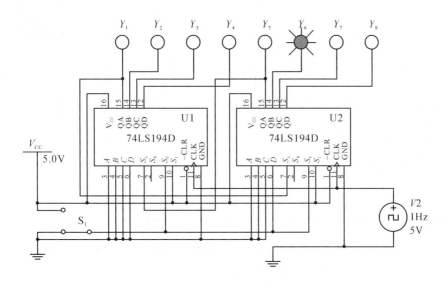

图 3-46　流水灯左移逻辑电路

2）十进制计数器电路仿真

十进制计数器电路仿真步骤如下：

（1）分析设计要求。计数器 74LS161 是 4 位同步二进制计数器，其功能表如表 3-3 所示。

表 3-3　计数器 74LS161 功能表

输　　入									输　　出			
$\overline{R_D}$	CP	$\overline{L_D}$	EP	ET	A_3	A_2	A_1	A_0	Q_3	Q_2	Q_1	Q_0
0	×	×	×	×	×				0	0	0	0
1	↑	0	×	×	d_3	d_2	d_1	d_0	d_3	d_2	d_1	d_0
1	↑	1	1	1	×				计数			
1	×	1	0	×	×				保持			
1	×	1	×	0	×				保持			

（2）选择 TTL 器件库调用计数器 74LS161、二输入与非门 74LS00；选择 CMOS 器件库调用译码器 CD4511；在指示器库中调用七段数码管（共阴极），调用过程为"Indicators/ HEX_DISPLAY/ SEVEV_SEG_COM_K"。由计数器 74LS161 设计的十进制计数器电路如图 3-47 所示。

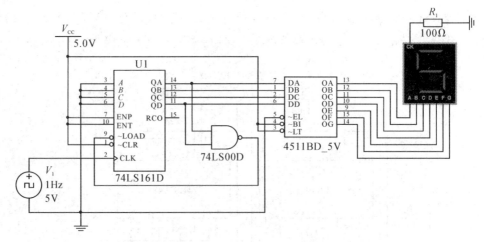

图 3-47　十进制计数器电路

（3）电路设计完成以后，单击"运行"按钮，数码管按照"0～9"循环计数，实现十进制加法计数。根据计数器 74LS161 的功能表，可以设计十以内的任意进制计数器。另外，由于计数器具有置数功能，可以设计任意初值的计数器。

4. 555 定时器应用电路仿真

555 定时器是一种数字电路与模拟电路相结合的中规模集成电路，其应
用十分广泛，通过外部不同的连接，可以构成单稳态触发器和多谐振荡器。

555 定时器应用电路仿真步骤为：首先在菜单栏中选择"工具"按钮，单 555定时器仿真
击"电路向导"，选择"555 定时器向导"，出现"555 定时器向导"窗口，如图 3-48 所示；然
后在"555 定时器向导"窗口中选择"非稳态运动"类型，设置工作电压为 12 V，工作频率为
1 kHz，充放电电容 $C=10$ nF，滤波电容 $C_f=10$ nF，负载 $R_L=100$ Ω；最后，在原理图绘
制区绘制多谐振荡器电路，并调用虚拟仪器工具栏中的示波器，将示波器与电路相连，用
示波器测量负载 R_L 和电容 C_1 的波形，如图 3-49 所示。

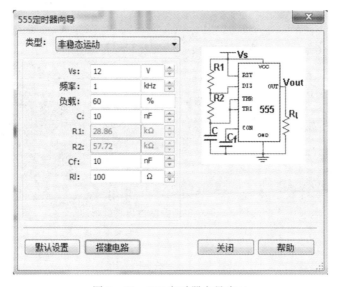

图 3-48 555 定时器向导窗口

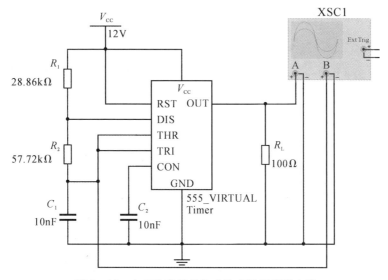

图 3-49 由 555 定时器构成的多谐振荡器电路

双击示波器图标，可得到由 555 定时器构成的多谐振荡器仿真波形如图 3 - 50 所示。从输入输出波形可知：当电容电压 U_{C_1} 升高到 8 V（即 $\frac{2}{3}V_{CC}$）时，输出电压 U_{R_L} 由高电平跳变为低电平，此时电容 C_1 放电；当 U_{C_1} 下降到 4 V（即 $\frac{1}{3}V_{CC}$）时，输出电压 U_{R_L} 由低电平跳变为高电平。

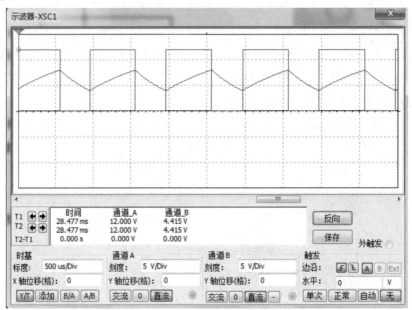

图 3 - 50　多谐振荡器仿真波形

第四章　电子技术基础性实验(模拟部分)

4.1　三极管的特性曲线测试

三极管特性曲线

1. 实验目的

(1) 认识晶体二极管、晶体三极管。

(2) 掌握用数字式万用表检测晶体二极管、晶体三极管的好坏及判别管脚。

(3) 掌握晶体三极管特性曲线的定义和测试方法,加深对特性曲线的理解。

(4) 熟悉常用电子仪器以及模拟电子电路实验设备的使用。

2. 实验设备与器件

(1) 模拟电子电路实验箱。

(2) 直流稳压电源。

(3) 数字式万用表。

3. 实验原理

三极管电流放大电路如图 4-1 所示,可以把三极管接成了两个电路,即基极电路和集电极电路。其中发射极是公共端,因此这种接法称为三极管的共发射极接法。如果三极管使用 NPN 型硅管,则基极电源电压 U_{BB} 和集电极电源电压 U_{CC} 的极性必须按照图示连接,使发射结加正向电压(正向偏置),同时要求 U_{CC} 大于 U_{BB},使集电极加反向电压(反向偏置),这样晶体管才能起放大作用。

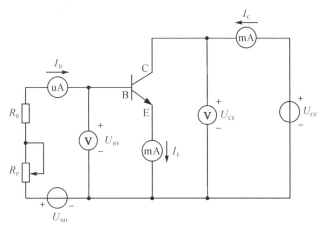

图 4-1　三极管电流放大电路

设 $U_{CC} = 6$ V，通过改变电位器 R_P，则基极电流 I_B、集电极电流 I_C、发射极电流 I_E 将发生变化，测量结果如表 4-1 所示(该测量数据取自参考文献[1]中晶体管电流测量数据)。

表 4-1　三极管电流放大电路实验测量数据

I_B/mA	0	0.02	0.04	0.06	0.08	0.10
I_C/mA	<0.001	0.70	1.50	2.30	3.10	3.95
I_E/mA	<0.001	0.72	1.54	2.36	3.18	4.05

根据实验及测量结果可得如下结论：

(1) 观察表格中每一列实验数据，可得

$$I_E = I_C + I_B \qquad (4-1)$$

此结果符合基尔霍夫电流定律。

(2) I_C、I_E 比 I_B 大得多。从表 4-1 第三列和第四列的数据可知，I_C 和 I_B 的比值分别为

$$\bar{\beta} = \frac{I_C}{I_B} = \frac{2.30}{0.06} = 38.3, \ \bar{\beta} = \frac{I_C}{I_B} = \frac{3.10}{0.08} = 38.75$$

这是因为三极管具有电流放大作用。三极管的电流放大作用还体现在基极电流的少量变化 ΔI_B 可以引起集电极电流较大的变化 ΔI_C，即有

$$\beta = \frac{\Delta I_C}{\Delta I_B} = \frac{3.10 - 2.30}{0.08 - 0.06} = 40$$

(3) 当 $I_B = 0$ 时，$I_C = I_{CEO}$，即 $I_{CEO} < 0.001$ mA $= 1$ μA。

(4) 要使三极管起放大作用，发射结必须正向偏置，而集电结必须反向偏置。

将 NPN 型三极管和 PNP 型三极管分别接在三极管电流放大实验电路中，测得 3 个管脚对"地"的电位如表 4-2 所示。

表 4-2　三极管电流放大实验电路中三极管 3 个管脚对"地"电位

管脚	1	2	3	管脚	1	2	3
电位/V	9	4	3.4	电位/V	−6	−2.3	−2
电极	C	B	E	电极	C	B	E
类型	NPN 型			类型	NPN 型		
材料	硅管			材料	锗管		

由上表可得：

(1) NPN 型三极管集电极电位最高，发射极电位最低；PNP 型三极管发射极电位最高，集电极电位最低。

(2) NPN 型硅管基极电位比发射极电位大约高 0.6~0.7 V；PNP 型锗管发射极电位比基极电位高 0.2~0.3 V。

4. 实验内容与步骤

(1) 用数字式万用表测量三极管各管脚之间的正向导通压降，将测量数据填入表

4－3 中。

表 4－3　三极管正向导通压降测量值

表笔正-表笔负	PNP 型三极管（9012）	NPN 型三极管（9013）
B－C		
C－B		
B－E		
E－B		
C－E		
E－C		

（2）在模拟电子电路实验箱上搭建三极管电流放大实验电路，如图 4－2 所示，其中，$U_{CC}=12$ V。在不同 U_{CE} 的条件下，测量 I_B、I_C 和 U_{BE} 的数值，并将测量数据填入表 4－4 中。

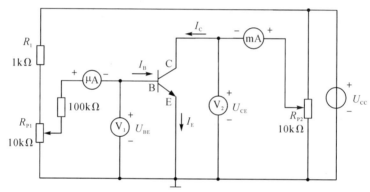

图 4－2　三极管电流放大实验电路图

表 4－4　三极管电流放大实验电路测量数据

U_{CE}/V	0		0.5		1.0		5.0		8.0	
$I_B/\mu A$	Ic/mA	U_{BE}/V	Ic/mA	U_{BE}/V	Ic/mA	U_{BE}/V	Ic/mA	U_{BE}/V	Ic/mA	U_{BE}/V
10										
20										
30										
40										
50										

（3）根据表 4－4 的测量数据用描点法绘制三极管的输入和输出特性曲线，参考图如图 4－3 所示。

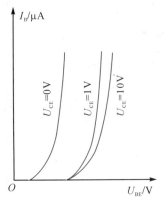
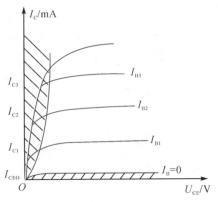

图 4-3　三极管的输入特性曲线（左图）和输出特性曲线（右图）参考图

（4）在模拟电子电路实验箱上搭建三极管反向截止电流测量电路，如图 4-4 所示，已知 $U_{CC}=12$ V，测量集电极-发射极反向截止电流 I_{CEO}。

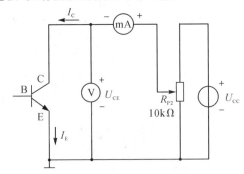

图 4-4　三极管反向截止电流 I_{CEO} 测量电路

（5）调节电位器 R_{P2}，满足 U_{CE} 为不同电压值时，测量集电极-发射极反向截止电流 I_{CEO}，将测量数据填入表 4-5 中。

表 4-5　三极管反向截止电流 I_{CEO} 测量数据

U_{CE}/V	1	3	5	6	7	9	10	12
测量的 I_{CEO} 值								

5．预习要求

（1）复习三极管的型号、类型以及电流放大的概念。

（2）复习三极管输入输出特性曲线以及 3 个工作区的特点。

（3）复习三极管的反向截止电流 I_{CEO} 和 I_{CBO} 的概念。

6．实验报告要求

（1）整理实验数据，计算三极管的电流放大倍数。

（2）绘制 NPN 型三极管的输入和输出特性曲线。

（3）根据测量的集电极-发射极反向截止电流 I_{CEO} 计算集电极-基极反向截止电流 I_{CBO}。

（4）完成实验小结。

7．思考题

（1）三极管具有电流放大作用，其外部条件和内部条件各是什么？

（2）在三极管电流放大电路中，如何改变电路参数，可以实现三极管3个工作区的转换？

（3）思考如何使用 Multisim 电路仿真软件对三极管电流放大电路进行仿真，并画出三极管电流放大仿真电路。

4.2 分压式偏置放大电路

单级放大电路

1. 实验目的

（1）熟悉和掌握放大器电路参数对放大器性能的影响。

（2）掌握分压式偏置放大电路静态工作点的调整和测试。

（3）掌握分压式偏置放大电路动态参数 A_u、r_i、r_o 的测量和放大器故障排除方法。

（4）掌握双踪示波器、函数信号发生器、数字式万用表等常用电子仪器的使用。

2. 实验设备与器件

（1）模拟电子电路实验箱。

（2）函数信号发生器。

（3）双踪示波器。

（4）交流毫伏表。

（5）数字式万用表。

（6）直流稳压电源。

3. 实验原理

1）分压式偏置放大电路

放大电路应有合适的静态工作点，才能保证有良好的放大效果，并且不引起非线性失真。但由于环境因素的影响（例如温度的变化），可能会使集电极电流的静态值 I_C 发生变化，从而影响放大电路静态工作点的稳定性。如果当温度升高后三极管偏置电流 I_B 能够自动减小以限制 I_C 的增大，则放大电路静态工作点就能保持稳定。因此，为了抑制温度对三极管放大电路的影响，常采用分压式偏置放大电路（单级放大电路的一种），如图 4-5 所示。其中，R_{B1} 和 R_{B2} 为偏置电阻。

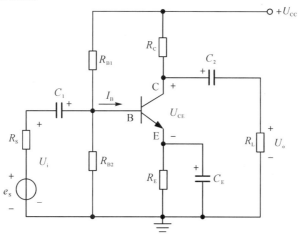

图 4-5 分压式偏置放大电路

如图 4-6 为分压式偏置放大电路的直流通路，由基尔霍夫电流定律可得 $I_1+I_2=I_B$。若满足 $I_2 \gg I_B$，则

$$I_1 \approx I_2 \approx \frac{U_{CC}}{R_{B1}+R_{B2}} \quad (4-2)$$

基极电位为

$$V_B \approx R_{B2}I_2 \approx \frac{R_{B2}}{R_{B1}+R_{B2}}U_{CC} \quad (4-3)$$

由此可认为 V_B 与晶体管的参数无关，不受温度影响，而由 R_{B1} 和 R_{B2} 的分压电路所决定。

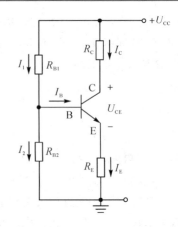

图 4-6　分压式偏置放大电路的直流通路

引入发射极电阻 R_E 后，由图 4-6 可得

$$U_{BE}=V_B-V_E=V_B-I_ER_E \quad (4-4)$$

若使 $U_{BE} \ll V_B$，则

$$I_C \approx I_E=\frac{V_B-U_{BE}}{R_E} \approx \frac{V_B}{R_E} \quad (4-5)$$

也可认为 I_C 不受温度影响。

同时有

$$U_{CE}=U_{CC}-I_E(R_C+R_E) \quad (4-6)$$

因此，只有满足以上条件，V_B、I_E 和 I_C 就与三极管的参数几乎没有关系，不受温度变化的影响，从而使静态工作点基本稳定。

在分压式偏置放大电路的直流通路中，I_2 不能太大，否则 R_{B1} 和 R_{B2}（一般 R_{B1} 和 R_{B2} 取值几十千欧）的取值就较小，这不但会增加功率损耗，而且会使从信号源输出的电流较大，从而使信号源的内阻电压降增加，同时加在放大电路输入端的电压 U_i 减小。另外，当发射极电流的交流分量 I_E 流过 R_E 时，也会产生交流电压降，使 U_{BE} 减小，从而降低电压放大倍数。为此，可在 R_E 两端并联电容 C_E，使交流旁路。因而 C_E 称为交流旁路电容，其值一般为几十微法到几百微法。

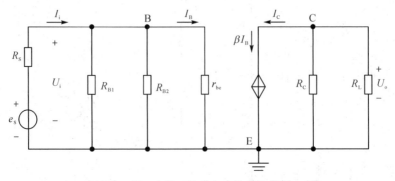

图 4-7　分压式偏置放大电路的微变等效电路

如图 4-7 所示为分压式偏置放大电路的微变等效电路,根据微变等效电路可得

$$r_{\text{be}} = 200(\Omega) + (1+\beta)\frac{26(\text{mV})}{I_{\text{E}}(\text{mA})} \qquad (4-7)$$

$$A_u = \frac{U_{\text{o}}}{U_{\text{i}}} = \frac{-\beta I_{\text{B}}(R_{\text{C}} /\!/ R_{\text{L}})}{I_{\text{B}} r_{\text{be}}} = -\beta\frac{R_{\text{C}} /\!/ R_{\text{L}}}{r_{\text{be}}} \qquad (4-8)$$

$$r_{\text{i}} = \frac{U_{\text{i}}}{I_{\text{i}}} = R_{\text{B1}} /\!/ R_{\text{B2}} /\!/ r_{\text{be}} \qquad (4-9)$$

$$r_{\text{o}} \approx R_{\text{C}} \qquad (4-10)$$

分压式偏置放大电路的不失真输出电压幅值与其静态工作点的选择有关,静态工作点偏高或偏低,分压式偏置放大电路都将出现输出电压失真现象。如果静态工作点偏高,放大器在加入交流信号以后易产生饱和失真,此时 U_{o} 的负半周将被削底,如图 4-8 中左图所示;如果静态工作点偏低,则易产生截止失真,即 U_{o} 的正半周被缩顶(一般截止失真不如饱和失真明显),如图 4-8 中右图所示。因为这些情况都不满足电路不失真放大的要求,所以选定静态工作点以后必须进行动态调试,即在放大器的输入端加入一定的输入电压 U_{i},检查输出电压 U_{o} 的大小和波形是否满足要求。如不满足,则应调节静态工作点的位置。

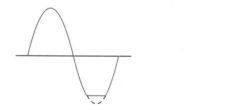

图 4-8 饱和失真波形(左图)和截止失真波形(右图)

当放大电路作为前置放大器或中间放大器时,其输出信号电压幅值一般不大,故其工作点往往选得偏低一点,以减小直流功耗和输出噪声。但放大器作为末级或末前级放大器时,一般要求具有足够大的输出电压。为了避免严重失真,要求放大器的静态工作点选在交流负载线的中点,这样可得到最大不失真输出电压。

2) 分压式偏置放大电路静态工作点的测量

测量分压式偏置放大电路的静态工作点,应在输入信号 $U_{\text{i}}=0$ 的情况下进行,即将放大电路输入端与接地端短接,然后选用量程合适的直流毫安表和直流电压表分别测量晶体管的集电极电流 I_{C} 以及各电极对地的电位 U_{B}、U_{C} 和 U_{E}。在测量过程中,为了避免断开集电极,也可以采用先测量 R_{C} 的两端电压,后根据欧姆定律计算出 I_{C}。

3) 分压式偏置放大电路动态指标的测量

分压式偏置放大电路动态指标包括电压放大倍数、输入电阻、输出电阻、最大不失真输出电压(动态范围)等。

(1) 电压放大倍数 A_u 的测量。

调整分压式偏置放大电路静态工作点为合适的值,然后加入输入电压 u_{i},在输出电压 u_{o} 不失真的情况下,用交流毫伏表测出 u_{i} 和 u_{o} 的有效值 U_{i} 和 U_{o},则

$$A_u = \frac{U_{\text{o}}}{U_{\text{i}}} \qquad (4-11)$$

（2）输入电阻 r_i 的测量。

为测量分压式偏置放大电路的输入电阻，按如图 4-9 所示的电路在被测放大电路的输入端与信号源之间串联接入已知电阻 R，在放大电路正常工作的情况下，用交流毫伏表测出 U_S 和 U_i，根据输入电阻的定义可得

$$r_i = \frac{U_i}{I_i} = \frac{U_i}{\dfrac{U_R}{R}} = \frac{U_i}{U_S - U_i}R \tag{4-12}$$

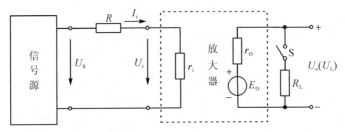

图 4-9　输入电阻和输出电阻测量电路

测量输入电阻时应注意：

① 由于电阻 R 两端没有电路公共接地点，所以测量 R 两端电压 U_R 时必须分别测出 U_S 和 U_i，然后按 $U_R = U_S - U_i$ 求出 U_R 值。

② 电阻 R 的值不宜取得过大或过小，以免产生较大的测量误差，通常取 R 与 r_i 为同一数量等级，本实验可取 $R = (1 \sim 2)$ kΩ。

（3）输出电阻 r_o 的测量。

在放大电路（如图 4-9 所示）正常工作条件下，测出输出端不接负载 R_L 的输出电压 U_o 和接入负载后的输出电压 U_L，根据

$$U_L = \frac{R_L}{r_o + R_L}U_o \tag{4-13}$$

即可求出

$$r_o = \left(\frac{U_o}{U_L} - 1\right)R_L \tag{4-14}$$

在测量过程中应注意，必须满足 R_L 接入电路前后输入信号的电压大小保持不变。

（4）最大不失真输出电压 U_{OPP} 的测量（最大动态范围）。

为得到最大动态范围，应将放大电路静态工作点调在交流负载线的中点。为此，首先在放大电路正常工作的情况下，逐步增大输入信号的幅值，并调节静态工作点，用示波器观察 U_o。当输出波形同时出现上下截止现象时，说明静态工作点已调在交流负载线的中点。然后反复调整输入信号，使波形输出幅度最大，并且在无明显失真时，用交流毫伏表测出 U_o（有效值），则最大动态范围等于 $2\sqrt{2}U_o$。也可以用双踪示波器直接读出 U_{OPP} 幅值。

4. 实验内容与步骤

（1）用数字式万用表检查实验箱上三极管 V_1、电解电容 C_1 与 C_2 的极性和好坏，按照如图 4-10 所示连接分压式偏置放大电路的实验电路（接线前先测量 $U_{CC} = 12$ V 电源，关断电源后再接线，并将电位器 R_P 的阻值调到最大）。

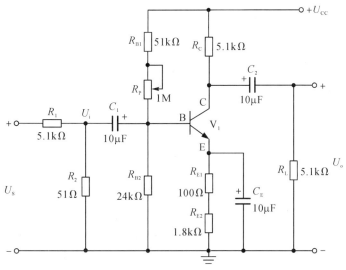

图 4-10　分压偏置放大电路实验电路图

(2) 接线完成后仔细检查,确认无误后接通电源。改变 R_P 的阻值,记录 I_C 分别为 0.5 mA、1 mA、1.5 mA 时三极管 V_1 的 β 值,并填入表 4-6 中。

表 4-6　三极管 β 值计算

I_C	0.5 mA	1 mA	1.5 mA
I_B			
β			

(3) 调整电位器 R_P,使 $V_E = 2.2$ V,并测量放大电路的静态工作点,将结果填入表 4-7 中。

表 4-7　静态工作点测量

V_E/V	U_{BE}/V	U_{CE}/V	$R_P/k\Omega$	$I_B/\mu A$	I_C/mA
2.2 V					

(4) 将函数信号发生器设置为 $f = 1$ kHz,幅值为 300 mV,然后接到放大电路输入端 U_s。此时,$U_i = 3$ mV,$V_E = 2.2$ V,观察 U_i 和 U_o 的波形,并比较相位。保持信号源频率不变,逐渐加大信号幅值,记录 U_o 不失真时的数值,并填入表 4-8 中。

表 4-8　电压放大倍数测量

测量值		计算值	理论值
U_i/mV	U_o/V	A_u	A_u

（5）保持信号源 $f=1\ \text{kHz}$，$U_i=3\ \text{mV}$ 不变，增大和减小 R_P 的阻值，观察 U_o 波形变化，并将测量数据填入表 4-9 中。

表 4-9　测 量 数 据

R_P 值	U_B/V	U_C/V	U_E/V	输出波形情况
最大（1 MΩ）				
100 kΩ				
最小（0 Ω）				

（6）根据图 4-9 输入电阻和输出电阻测量电路，在输入端串联接入一个电阻 $R=3\ \text{kΩ}$，测量 U_S 与 U_i，计算输入电阻 r_i；在输出端连接电阻 $R_L=5.1\ \text{kΩ}$，使放大器输出不失真（连接示波器观察），分别测量电路空载时的输出电压 U_o 和连接负载时的输出电压 U_L，计算输出电阻 r_o。把测量数据和计算值与理论值填入表 4-10 中。

表 4-10　输入电阻和输出电路测量

测量输入电阻 r_i				测量输出电阻 r_o			
测量值		计算值	理论值	测量值		计算值	理论值
U_S/V	U_i/V	r_i	r_i	U_o/V	U_L/V	r_o	r_o

5. 预习要求

（1）复习分压式偏置放大电路的工作原理及电路中各元器件的作用。

（2）掌握分压式偏置放大电路静态工作点的选择原则、主要性能指标的定义及测量方法。

（3）掌握若电路参数不满足要求时调整电路参数的方法。

6. 实验报告要求

（1）列表整理测量结果，并把实测的静态工作点、电压放大倍数、输入电阻、输出电阻之值与理论计算值进行比较（取一组数据进行比较），分析误差产生的原因。

（2）总结 R_C 和 R_L 及静态工作点对放大器电压放大倍数、输入电阻、输出电阻的影响。

（3）讨论静态工作点变化对放大器输出波形的影响。

（4）完成实验小结。

7. 思考题

（1）如何根据三极管各极的静态电位或它们之间电压大小判断三极管工作在哪种状态？

（2）测量放大电路静态工作点时使用什么仪器仪表？测量放大器的输入、输出电压时使用何种仪器仪表？

（3）如果放大电路的静态工作点正常，输入交流信号后，放大电路无输出信号，则故障原因可能是什么？如何分析和排除故障？

（4）思考如何使用 Multisim 电路仿真软件对单级放大电路进行仿真，并画出单级放大仿真电路。

4.3　射极输出器

1. 实验目的

（1）掌握射极输出器的静态特性和动态特性。

（2）掌握射极输出器静态工作点的测量方法。

（3）掌握射极输出器动态参数 A_u、r_i、r_o 的测量方法。

（4）掌握双踪示波器、函数信号发生器、数字式万用表等常用电子仪器的使用。

2. 实验设备与器件

（1）模拟电子电路实验箱。

（2）函数信号发生器。

（3）双踪示波器。

（4）交流毫伏表。

（5）数字式万用表。

（6）直流稳压电源。

3. 实验原理

射极输出器在接法上是一个共集电极电路，其电路图如图 4-11 所示。

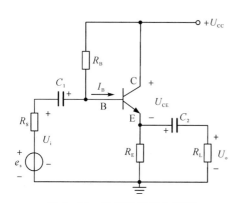

图 4-11　射极输出器电路图

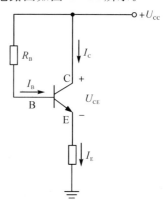

图 4-12　射极输出器直流通路

1）射极输出器的静态工作点

射极输出器的直流通路如图 4-12 所示。由直流通路可以确定静态工作点，即有

$$I_E = I_B + I_C = I_B + \bar{\beta} I_B = (1 + \bar{\beta}) I_B \tag{4-15}$$

$$I_B = \frac{U_{CC} - U_{BE}}{R_B + (1 + \bar{\beta}) R_E} \tag{4-16}$$

$$U_{CE} = U_{CC} - R_E I_E \tag{4-17}$$

2）射极输出器的电压放大倍数

射极输出器的微变等效电路如图 4-13 所示。由微变等效电路可得

$$U_\text{o} = R'_\text{L} I_\text{E} = (1+\beta) R'_\text{L} I_\text{B} \qquad (4-18)$$

其中 $R'_\text{L} = R_\text{E} \mathbin{/\mkern-5mu/} R_\text{L}$。

$$U_\text{i} = r_\text{be} I_\text{B} + R'_\text{L} I_\text{E} = r_\text{be} I_\text{B} + (1+\beta) R'_\text{L} I_\text{B} \qquad (4-19)$$

$$\begin{aligned} A_u &= \frac{U_\text{o}}{U_\text{i}} = \frac{(1+\beta) R'_\text{L} I_\text{B}}{r_\text{be} I_\text{B} + (1+\beta) R'_\text{L} I_\text{B}} \\ &= \frac{(1+\beta) R'_\text{L}}{r_\text{be} + (1+\beta) R'_\text{L}} \qquad (4-20) \end{aligned}$$

由上式可知：

（1）电压放大倍数接近于 1，但恒小于

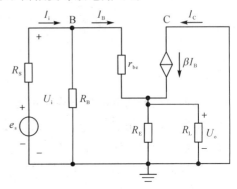

图 4-13　射极输出器微变等效电路

1。由于 $r_\text{be} \ll (1+\beta) R'_\text{L}$，因此 $U_\text{o} \approx U_\text{i}$。射极输出器虽然没有电压放大作用，但仍具有一定的电流放大和功率放大作用。

（2）输出电压与输入电压同相，具有跟随作用。输出端电位跟随输入端电位的变化而变化，这就是射极输出器的跟随作用，因此射极输出器又称为射极跟随器。

3）射极输出器的输入电阻和输出电阻

射极输出器的输入电阻 r_i 由偏置电阻 R_B 和电阻 $[r_\text{be} + (1+\beta) R'_\text{L}]$ 确定，其阻值很高，可达几十千欧到几百千欧，即

$$r_\text{i} = R_\text{B} \mathbin{/\mkern-5mu/} [r_\text{be} + (1+\beta) R'_\text{L}] \qquad (4-21)$$

在射极输出器微变等效电路中将信号源短路，保留其内阻 R_S，在输出端去掉 R_L，加入交流电压 U_o，产生电流 I_o，可得射极输出器的输出电阻 r_o 为

$$r_\text{o} = \frac{r_\text{be} + (R_\text{S} \mathbin{/\mkern-5mu/} R_\text{B})}{\beta} \qquad (4-22)$$

射极输出器的电压放大倍数接近 1，且输入电阻高，输出电阻低，因此具有恒压输出特性。其应用十分广泛。射极输出器可以用作多级放大电路的输入级，对于高内阻的信号源更有意义。测量仪器的放大电路要求要有高的输入电阻，以减小仪器接入时对被测电路产生影响，因此通常采用射极输出器作为输入级；射极输出器也可以用作多级放大电路的输出级，以满足放大电路的输出电阻小的要求，当负载接入后或当负载增大时，输出电压变化较小，带负载能力较强；射极输出器也可以连接在两级共发射极放大电路之间，对前级放大电路而言，高输入电阻对前级的影响小，对后级放大电路而言，由于输出电阻低，正好与输入电阻低的共发射极电路配合，这也是射极输出器的阻抗变换作用。

（1）输入电阻 r_i 的测量。

射极输出器实验电路如图 4-14 所示。在测量过程中，输入端串联一个已知电阻 R_1，设 A 点电压为 U_i，G 点电压为 U'_i，则射极输出器的输入电流为

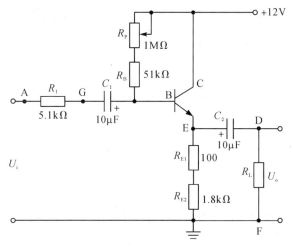

图 4-14　射极输出器实验电路

$$I'_i = \frac{U_i - U'_i}{R_1} \tag{4-23}$$

式中，I'_i是流过 R_1 的电流。于是射极输出器的输入电阻为

$$r_i = \frac{U'_i}{I'_i} = \frac{U'_i}{\dfrac{U_i - U'_i}{R_1}} = \frac{R_1}{\dfrac{U_i}{U'_i} - 1} \tag{4-24}$$

因此，只要测得 A、G 两点电压就可以计算出输入电阻 r_i。

(2) 输出电阻 r_o 的测量。

在测量输出电阻过程中，可以把电路看作是等效电源。该等效电源的电动势为 E_o，内阻即为射极输出器的输出电阻 r_o。等效电源不连接负载，测出其输出电压为 U_o，显然 $U_o = E_o$。如果在射极输出器的输出端 D、F 两点之间串联接入负载 R_L，由于 r_o 的影响，则放大电路的输出电压 U_L 将比不接负载时的 U_o 有所下降，其数值为

$$U_L = \frac{R_L U_o}{R_L + r_o} \tag{4-25}$$

由此可得

$$r_o = \left(\frac{U_o}{U_L} - 1\right) R_L \tag{4-26}$$

因此，在已知负载 R_L 的条件下，只要测出 U_o 和 U_L，就可以得到射极输出器的输出电阻 r_o。

4. 实验内容与步骤

(1) 测量静态工作点。首先按照图 4-14 所示电路接线，接线完毕仔细检查，确定无误后接通 +12 V 电源；然后在 G 点加入 $f = 1$ kHz 正弦波信号，输出端用示波器观察，反复调整电位器 R_P 及信号源幅值，使输出电压在示波器屏幕上得到一个最大不失真波形；最后断开输入信号，用数字式万用表测量三极管各极对地电位，即为射极输出器的静态工作点，将所测数据填入表 4-11 中。

表 4-11　射极输出器静态工作点测量值

V_E/V	V_B/V	V_C/V	I_E/mA

调节过程：首先将信号源幅值调到最大，观察波形，此时波形将会出现失真现象，然后同时调节 R_P 和减小信号源幅值，使失真逐步减小，最后得到最大不失真波形。

（2）测量电压放大倍数 A_u。首先给射极输出器连接负载 $R_L = 1kΩ$，电位器 R_P 保持不变，然后在 G 点输入 $f = 1kHz$ 的正弦波信号，调节输入信号幅值，用示波器观察，最后在输出最大不失真波形的情况下测量 U_i 和 U_o 的值，并将测量数据填入表 4-12 中。

表 4-12　射极输出器电压放大倍数测量值

U_i/V	U_o/V	$A_u = U_o/U_i$

（3）测量放大器输入电阻 r_i（采用换算法）。首先在输入端串联接入 $5.1\ kΩ$ 电阻 R_1，然后在 A 点加入 $f = 1\ kHz$ 的正弦波信号，$U_i = 100\ mV$，并用示波器观察输出波形，最后用交流毫伏表分别测量 A 和 G 点对地电位 V_A、V_G，将测量数据填入表 4-13 中。

表 4-13　射极输出器输入电阻测量值

V_A/V	V_G/V	r_i

（4）测量输出电阻 r_o。首先在 G 点加入 $f = 1\ kHz$ 正弦波信号，$V_i = 100\ mV$，然后用示波器观察输出波形并测量空载输出电压 U_o，最后接上负载 $R_L = 330\ Ω$，测量带负载输出电压 $U_L (R_L = 2.2\ kΩ)$ 的值，并将所测量数据填入表 4-14 中。

表 4-14　射极输出器输出电阻测量值

U_o/mV	U_L/mV	r_o

5. 预习要求

（1）复习射极输出器的工作原理。

（2）掌握射极输出器的静态工作点和动态性能指标的测量方法。

6. 实验报告要求

（1）画出射极输出器的电路图并标明元器件参数。

（2）整理实验数据，将射极输出器的静态工作点、电压放大倍数 A_u、输入电阻 r_i、输出电阻 r_o 与理论值进行比较，分析误差原因。

（3）分析输出波形失真的原因，并说明如何消除。

（4）完成实验小结。

7. 思考题

（1）哪些参数影响射极输出器静态工作点的变化？哪些参数影响 A_u 的变化？

（2）实验过程中有哪些失真波形？分别是什么原因造成的？

（3）思考如何使用 Multisim 电路仿真软件对射极输出器电路进行仿真，并画出射极输出器仿真电路。

4.4　场效应管放大器

1. 实验目的

（1）掌握场效应管性能和特点。

（2）熟悉场效应管放大器的工作原理和静态及动态指标计算方法。

（3）学习场效应管放大器主要技术指标的测量方法。

2. 实验设备与器件

（1）模拟电子电路实验箱。

（2）函数信号发生器。

（3）双踪示波器。

（4）交流毫伏表。

（5）数字式万用表。

（6）直流稳压电源。

3. 实验原理

场效应管是一种电压控制型器件，按结构可分为结型和绝缘栅型两种类型。由于场效应管的栅极和源极之间处于绝缘或反向偏置状态，所以其输入电阻很高（一般可达上百兆欧）。又由于场效应管是一种单极型器件，因此其热稳定性好，噪声系数小。另外，由于场效应管制造工艺简单，便于大规模集成，因此得到越来越广泛的应用。由 N 沟道结型场效应管 3DJ6F 构成的放大电路如图 4-15 所示。

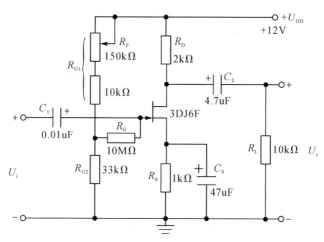

图 4-15　场效应管放大器电路

1）静态分析

场效应管处于静态时，由于栅极电流为 0，所以电阻 R_G 上的电流也为 0，则栅极电位为

$$V_G = \frac{R_{G2}}{R_{G1} + R_{G2}} U_{DD} \tag{4-27}$$

由于源极电位 $V_S = I_D R_S$，因此，栅-源电压 U_{GS} 为

$$U_{GS} = \frac{R_{G2}}{R_{G1} + R_{G2}} U_{DD} - I_D R_S = V_G - I_D R_S \tag{4-28}$$

漏极电流 I_D 为

$$I_D = I_{DSS} \left(1 - \frac{U_{GS}}{U_{GS(off)}} \right)^2 \tag{4-29}$$

漏-源电压 U_{DS} 为

$$U_{DS} = U_{DD} - I_D (R_S + R_D) \tag{4-30}$$

2）动态分析

场效应管放大器输出电压为

$$U_o = -I_D (R_D \mathbin{/\mkern-5mu/} R_L) = -g_m U_{GS} (R_D \mathbin{/\mkern-5mu/} R_L) \tag{4-31}$$

电压放大倍数为

$$A_u = \frac{U_o}{U_i} = \frac{U_o}{U_{GS}} = -g_m (R_L \mathbin{/\mkern-5mu/} R_D) \tag{4-32}$$

式中的负号表示输出电压和输入电压反相。

场效应管放大器交流通路如图 4-16 所示，由图可得其输入电阻为

$$r_i = R_G + (R_{G1} \mathbin{/\mkern-5mu/} R_{G2}) \tag{4-33}$$

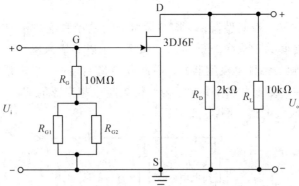

图 4-16 场效应管放大器电路交流通路

由于场效应管的输出特性具有恒流特性，故其输出电阻为

$$r_{DS} = \frac{\Delta U_{DS}}{\Delta I_D} \bigg|_{U_{GS}} \tag{4-34}$$

由于场效应管输出电阻的阻值是很高的，以及在共源极放大电路中，漏极电阻 R_D 和输出电阻 r_{DS} 是并联的，所以当 $r_{DS} \gg R_D$ 时，放大电路的输出电阻 $r_o \approx R_D$。

3）场效应管放大器输入电阻的测量

场效应管放大器输入电阻的测量从原理上讲，可以采用 4.2 小节中测量分压式偏置放大电路输入电阻的方法，但由于场效应管的内阻比较大，如果直接测量输入电压 U_s 和 U_i，将会

产生较大的误差。为了减小误差，常利用被测放大器的隔离作用，通过测量输出电压 U_o 来计算场效应管放大器的输入电阻。场效应管放大器输入电阻测量电路如图 4-17 所示。

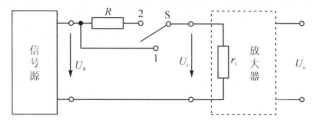

图 4-17　场效应管放大器电路输入电阻测量电路

场效应管放大器输入电阻的测量方法为：在放大器的输入端串联接入电阻 R，把开关 S 拨向位置 1，测量放大器的输出电压($U_{o1}=A_uU_s$)；保持 U_s 不变，再把开关 S 拨向位置 2，测量放大器的输出电压 U_{o2}。由于两次测量过程中 A_u 和 U_s 保持不变，可得

$$\dot{U}_{o2} = A_uU_i = \frac{r_i}{R+r_i}A_uU_s \qquad (4-35)$$

从而计算出

$$r_i = \frac{U_{o2}}{U_{o1}-U_{o2}}R \qquad (4-36)$$

式中，R 和 r_i 不要相差太大，本实验可取 $R=(100\sim200)\text{k}\Omega$。

4. 实验内容与步骤

(1) 静态工作点的测量和调整。首先按图 4-15 连接电路，令 $U_i=0$，接通 +12 V 电源，用数字式万用表测量场效应管各极对地电位 V_G、V_S 和 V_D。然后检查静态工作点是否合适，如果不合适，则适当调整 R_P，满足场效应管工作在恒流区。最后把测量数据填入表 4-15 中。

表 4-15　场效应管放大器静态工作点测量值

测　量　值						理　论　值		
V_G/V	V_S/V	V_D/V	U_{DS}/V	U_{GS}/V	I_D/mA	U_{DS}/V	U_{GS}/V	I_D/mA

(2) 电压放大倍数 A_u 和输出电阻 r_o 的测量。首先在放大器的输入端加入 $f=1$ kHz 的正弦波信号，$U_i=(50\sim100)\text{mV}$，利用示波器观察输出电压 U_o 的波形。然后在输出电压 U_o 没有失真的条件下，用交流毫伏表分别测量 R_L 开路和 $R_L=10$ kΩ 时的输出电压 U_o(注意：保持 U_i 幅值不变)。最后把测量数据填入表 4-16 中。

表 4-16　场效应管放大器电压放大倍数和输出电阻测量值

	测　量　值				理　论　值	
	U_i/V	U_o/V	A_u	$r_o/\text{k}\Omega$	A_u	$r_o/\text{k}\Omega$
R_L 开路						
$R_L=10$ kΩ						

（3）输入电阻 r_i 的测量。首先选择合适大小的输入电压 U_S（约 $100\sim500$ mV），将开关 S 拨向"1"，测出 $R=0$ 时的输出电压 U_{o1}。然后将开关拨向"2"（接入 R），保持 U_S 不变，再测出 U_{o2}，最后计算出放大器输入电阻 r_i。最后把数据填入表 4-17 中。

表 4-17　场效应管放大器输入电阻测量值

测量值			理论值
U_{o1}/V	U_{o2}/V	$r_i/k\Omega$	$r_i/k\Omega$

5. 预习要求

（1）复习场效应管放大器工作原理和性能特点。

（2）按电路所给参数估算场效应管放大器电路的静态工作点及电压放大倍数、输入电阻、输出电阻。

6. 实验报告要求

（1）按照各项实验内容的要求整理实验数据，分析实验结果，得出相应的结论。

（2）将实验数据与理论值进行比较，分析误差产生的原因。

（3）比较场效应管放大器与三极管放大器，并总结场效应晶体管放大器的特点。

（4）完成实验小结。

7. 思考题

（1）场效应管放大器中输入耦合电容是否可以取较小值？

（2）在测量场效应管静态工作电压 U_{GS} 时，能否用直流电压表直接并在 G、S 两端测量？为什么？

（3）为什么测量场效应管输入电阻时要用间接测量法（测量输出电压）？

（4）思考如何使用 Multisim 电路仿真软件对场效应管放大器电路进行仿真，并画出其仿真电路。

4.5　集成运算放大器基本运算电路

集成运算放大器
基本运算电路

1. 实验目的

（1）掌握集成运算放大器的正确使用方法。

（2）掌握集成运算放大器的设计和调试方法。

（3）熟悉集成运算放大器在实际应用时应注意的问题。

2. 实验设备与器件

（1）模拟电子电路实验箱。

（2）函数信号发生器。

（3）双踪示波器。

（4）交流毫伏表。

（5）数字式万用表。

（6）直流稳压电源。

3. 实验原理

集成运算放大器是一种具有高增益的直接耦合多级放大电路，在线性应用方面可以组成多种运算电路。集成运算放大器可以进行直流放大，也可以进行交流放大。

1）UA741 集成运算放大器

UA741 运算放大器的引脚图如图 4-18 所示。在理想情况下，运算放大器应满足以下条件：

（1）开环电压放大倍数 $A_{uo} \to \infty$。

（2）差模输入电阻 $r_{id} \to \infty$。

（3）开环输出电阻 $r_o \to 0$。

（4）共模抑制比 $K_{CMRR} \to \infty$。

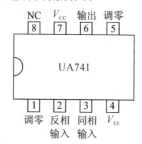

图 4-18　运算放大器 UA741 引脚图

实际应用运算放大器时，虽然其实际性能与理想值有一定的差别，但分析电路原理时可用理想参数代替实际参数进行分析。

因为运算放大器的开环电压放大倍数很大，所以集成运算放大器在线性区应用时一般都采用闭环形式。因此，在分析集成运算放大器组成的运算电路时，要正确理解"虚短"和"虚断"的概念。

使用运算放大器时，调零和相位补偿是必须注意的两个问题，此外还应注意同相输入端和反相输入端与"地"之间的直流电阻相等，以减少输入端直流偏置引起的误差。

通常情况下，运算放大器不调零也可以正常工作。但有时管子的失调参数较大，如输入失调电压会影响直流放大器无法正常工作，对交流放大器来说，会影响动态范围。

2）反相比例运算电路

反相比例运算电路如图 4-19 所示。为了减小输入端偏置电流引起的运算误差，在同相端应接入平衡电阻 $R_2 = R_1 // R_F$。根据理想运算放大器条件，该电路的输出电压与输入电压的关系为

$$U_o = -\frac{R_F}{R_1} U_i \qquad (4-37)$$

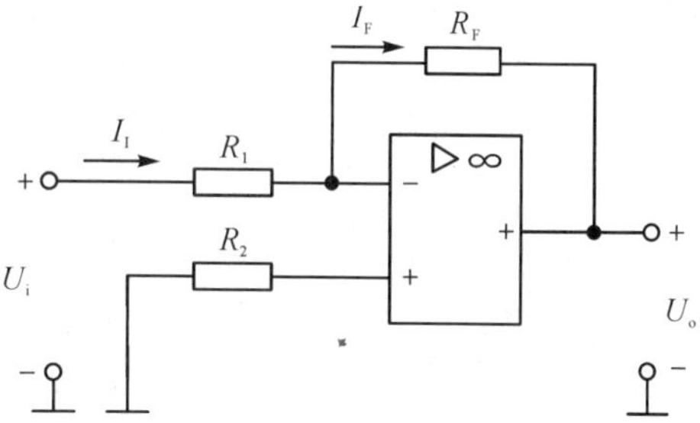

输出电压 U_o 和输入电压 U_i 的相位相反，改变

图 4-19　反相比例运算电路

R_1 和 R_F 的阻值，可以改变放大器的电压增益。若 $R_1 = R_F$，则 $U_o = -U_i$，电路就变成了反相器。

反相比例运算电路的输入电阻 $R_i \approx R_1$，反馈电阻 R_F 不能取得太大，否则将产生较大的噪声及漂移，其值一般取几十千欧到几百千欧之间。R_1 的阻值应远大于信号源的内阻。

3）同相比例运算电路

同相比例运算电路如图 4-20 所示，该电路具有输入电阻高、输出电阻低的特点，主要应用于前置放大器。平衡电阻满足 $R_2 = R_1 // R_F$。根据理想运算放大器条件，该电路的输出

电压与输入电压关系为

$$U_{\circ} = \left(1 + \frac{R_F}{R_1}\right)U_i \qquad (4-38)$$

同相比例运算电路的输入电阻为同相端对地共模输入电阻，一般约为 $10^8\ \Omega$。如果满足 $R_1 = \infty$ 或 $R_F = 0$，则同相比例放大电路变为电压跟随器，可以作为阻抗变换器使用。

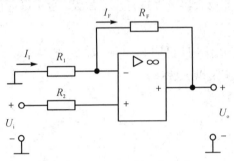

图 4-20　同相比例运算电路

4）反相加法器

在电路的反相输入端加入两个输入信号 U_{i1} 和 U_{i2}，构成反相加法运算电路，如图 4-21 所示。当运算放大器开环增益足够大时，由于同相输入端为"虚地"，两个输入电压通过自身输入回路的电阻转换为电流，根据理想运算放大器的条件，由叠加定理可得输出电压与输入电压的关系为

$$U_{\circ} = -R_F\left(\frac{U_{i1}}{R_1} + \frac{U_{i2}}{R_2}\right) \qquad (4-39)$$

其中，负号表示输出信号与输入信号反相位，同相端的输入电阻 $R_3 = R_1 /\!/ R_2 /\!/ R_F$。

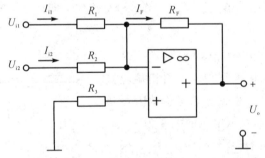

图 4-21　反相加法器电路

5）差分放大器

输入信号 U_{i1} 和 U_{i2} 分别加在运算放大器的同相输入端和反相输入端，构成差分比例运算电路，如图 4-22 所示。根据理想运算放大器的条件，由叠加定理可得输出电压与输入电压的关系为

$$U_{\circ} = -\frac{R_F}{R_1}U_{i1} + \left(1 + \frac{R_F}{R_1}\right)U_{i2}\frac{R_3}{R_2 + R_3} \qquad (4-40)$$

$U_{\circ}$ 即为反相比例运算和同相比例运算输出电压之和。由于电路中存在共模电压，为了保证运算精度，应当选用共模抑制比较高的运算放大器或选择阻值合适的电阻。

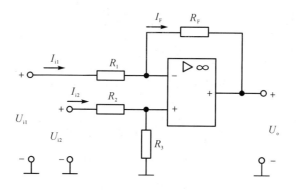

图 4-22 差分放大器电路

4. 实验内容与步骤

(1) 集成运算放大器的调零。一般集成运算放大器具有外接调零端,如 UA741 的 1 脚和 5 脚,如图 4-23 所示。集成运算放大器调零具体方法为:首先在调零端加一个补偿电压,以抵消运算放大器本身的失调电压,达到调零的目的;然后将反相输入端和同相输入端同时接"地",用万用表检测输出电压 U_o 是否为零,若不为零,调节电位器 R_P,以保证输入端电压为 0 时,输出电压 U_o 也为 0。

(2) 电压跟随器输出电压的测量。首先根据如图 4-24 所示电路连线,加入不同的直流信号电压至运算放大器同相输入端,然后用数字式万用表或示波器测量输出电压 U_o(空载和连接负载两种情况),最后将测量数据填入表 4-18 中,并分析误差。

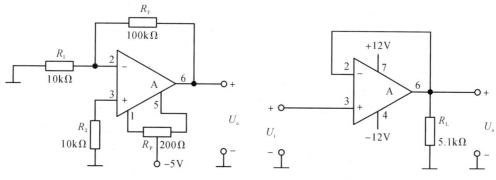

图 4-23 集成运算放大器调零电路　　图 4-24 电压跟随器电路

表 4-18 电压跟随器测量数据

	U_i/V	-5	-2.5	0	2.5	5
U_o	$R_L = \infty$					
	$R_L = 5.1 \text{ k}\Omega$					

(3) 反相比例运算电路电压 U_+、U_- 和 U_o 的测量。首先根据如图 4-25 所示电路连线,并在运算放大器的反相输入端输入不同的直流电压,然后用数字式万用表或示波器测量电压 U_+、U_- 和 U_o,最后将测量数据填入表 4-19,并计算误差。

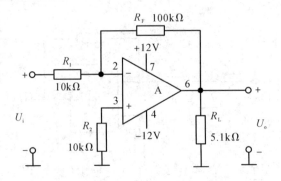

图 4-25 反相比例运算电路

表 4-19 反相比例运算电路测量数据

直流输入电压 U_i/V		-5	-3	-1	-0.5	1	2
实测 U_+/V							
实测 U_-/V							
输出电压 U_o/V	实测值/V						
	理论估算/V						
	误差						

（4）同相比例运算电路电压 U_+、U_- 和 U_o 的测量。首先根据如图 4-26 所示电路连线，并在运算放大器的同相输入端输入不同的直流电压，然后用数字式万用表或示波器测量电压 U_+、U_- 和 U_o，最后将测量数据填入表 4-20 中，并计算误差。

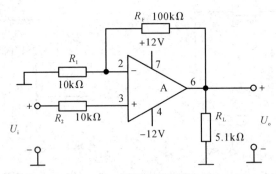

图 4-26 同相比例运算电路

表 4-20 同相比例运算电路测量数据

直流输入电压 U_i/V		-5	-3	-1	-0.5	1	2
实测 U_+/V							
实测 U_-/V							
输出电压 U_o/V	实测值/V						
	理论估算/V						
	误差						

（5）反相加法器输出电压的测量。首先根据如图 4-27 所示电路连线，并在运算放大器的反相输入端输入直流电压 U_{i1} 和 U_{i2}，然后用数字式万用表或示波器测量输出电压 U_o，最后将测量数据填入表 4-21 中。

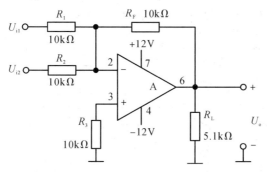

图 4-27　反相加法器电路

表 4-21　反相加法器测量数据

U_{i1}/V	+0.2	+0.3	-0.5	+1.6	-2.4
U_{i2}/V	+0.4	+0.3	+0.5	-1.2	+1.6
U_o/V（实测值）					
U_o/V（理论值）					

（6）差分放大器输出电压的测量。首先根据如图 4-28 所示电路连线，并在运算放大器的反相输入端输入直流电压 U_{i1}，同相输入端输入直流电压 U_{i2}，然后用数字式万用表或示波器测量输出电压 U_o，最后将测量数据填入表 4-22 中。

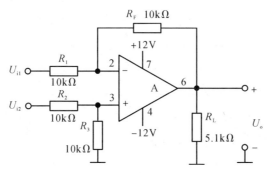

图 4-28　差分放大器电路

表 4-22　差分放大器测量数据

U_{i1}/V	+1	+2	-0.5	+1.8	-0.4
U_{i2}/V	+0.5	-1.8	+0.5	-0.6	+1.6
U_o/V（实测值）					
U_o/V（理论值）					

（7）两级运算放大器输出电压的测量。如果把第一级运算放大器的输出电压作为第二

级运算放大器的输入电压，那么放大电路就变为两级运算放大器，第一级运算放大器为反相加法器，第二级运算放大器为差分放大器，如图 4-29 所示。测量两级运算放大器输出电压时，首先在运算放大器的输入端输入直流电压 U_{i1}、U_{i2} 和 U_{i3}，然后用数字式万用表或示波器测量输出电压 U_{o1} 和 U_{o2}，最后将测量数据填入表 4-23 中。

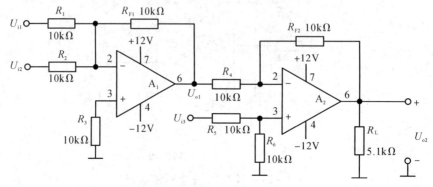

图 4-29　两级运算放大器电路

表 4-23　差分放大器测量数据

U_{i1}/V	+1	+2	-0.5	+1.8	-0.4
U_{i2}/V	+0.5	-1.8	+0.5	-0.6	+1.6
U_{i3}/V	-0.5	+1.8	-0.5	+0.6	-1.6
U_{o1}/V（实测值）					
U_{o1}/V（理论值）					
U_{o2}/V（实测值）					
U_{o2}/V（理论值）					

5．预习要求

（1）复习集成运算放大器的传输特性。

（2）熟悉 UA741 的引脚排列和主要技术指标。

（3）掌握集成运算放大器基本运算电路的计算过程。

6．实验报告要求

（1）整理实验数据，画出有关实验波形，并与计算结果进行比对分析。

（2）对比实验数据与理论计算数据，分析误差大小及产生的原因；分析实验现象，总结规律。

（3）对调试过程中出现的问题进行分析，并说明解决的措施。

（4）完成实验小结。

7．思考题

（1）比例运算电路的运算精度与电路中哪些参数有关？如果运算放大器已选定，如何减小误差？

（2）在测量各运算电路过程中，如果输出电压始终接近运算放大器的饱和电压，则电路出现了什么故障？如何解决？

（3）思考如何使用 Multisim 电路仿真软件对比例运算电路进行仿真，画出各仿真电路。

4.6　积分电路与微分电路

1. 实验目的

（1）掌握积分电路和微分电路的基本性能和特点。

（2）掌握积分电路和微分电路的结构以及电路中各元器件参数之间的关系。

（3）掌握积分电路和微分电路的输出电压和输入电压的函数关系。

2. 实验设备与器件

（1）模拟电子电路实验箱。

（2）函数信号发生器。

（3）双踪示波器。

（4）交流毫伏表。

（5）数字式万用表。

（6）直流稳压电源。

3. 实验原理

1）积分电路

积分电路如图 4-30 所示。根据运算放大器"虚短"和"虚断"概念，积分电路的运算关系式为

$$U_o = -\frac{1}{R_1 C_F} \int_{t_1}^{t_2} U_i \mathrm{d}t + U_C |_{t_1} \quad (4-41)$$

式中，$R_1 C_F$ 为积分时间常数，$U_C |_{t_1}$ 是 t_1 时刻电容两端的电压值，即初始值。

当 U_i 为幅值为 E 的阶跃电压信号时，有

$$U_o = -\frac{1}{R_1 C_F} \int_{t_1}^{t_2} E \mathrm{d}t + U_C |_{t_1}$$
$$= -\frac{E}{R_1 C_F} (t_2 - t_1) + U_C |_{t_1}$$
$$(4-42)$$

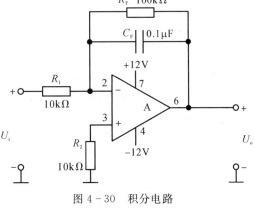

图 4-30　积分电路

为了限制电路的低频增益，减少失调电压的影响，需要给电容 C_F 并联一个电阻 R_F。当输入信号频率大于 $f_o = 1/(2\pi R_F C_F)$ 时，电路为积分器。若输入信号频率远低于 f_o，则电路近似为一个反相器，这时低频电压增益为

$$A_u = -\frac{R_F}{R_1} \quad (4-43)$$

在积分电路中，R_1、C_F 的值决定时间常数 R_C。由于受集成运算放大器最大输出电压 U_{omax} 的限制，R_C 值必须满足

$$R_1 C_F \geqslant \frac{1}{U_{omax}} \int_{t_1}^{t_2} U_i \mathrm{d}t \qquad (4-44)$$

对于阶跃信号，则必须满足

$$R_1 C_F \geqslant \frac{E}{U_{omax}} \Delta t \qquad (4-45)$$

$R_1 C_F$ 满足以上条件就可以避免 $R_1 C_F$ 过大或过小给积分电路输出电压造成影响。如果 $R_1 C_F$ 过大，则在一定的积分时间内，输出电压将很低；如果 $R_1 C_F$ 值太小，则积分电路达不到积分时间要求时就已经达到饱和。当输入信号为角频率为 ω、峰值为 E 的正弦波信号时，应满足

$$R_1 C_F \geqslant \frac{E}{U_{omax}\omega} \qquad (4-46)$$

此时，$R_1 C_F$ 不仅受运算放大器最大输出电压的限制，而且还与输入信号的角频率有关。当 U_{omax} 的值一定时，对于一定幅值的正弦波信号，频率角越低，$R_1 C_F$ 值就越大。

当时间常数 $R_1 C_F$ 值确定后，就可以选择 R_1 和 C_F 的参数值了。因为反相积分电路的输入电阻一般取值较大，所以必须减小 C_F 值，但减小 C_F 值会引起积分电路漂移变大。因此，R_1 在满足输入电阻要求的条件下，应尽量增大 C_F 值，一般情况下选择积分电容 $C_F \leqslant 1\ \mu F$。

积分电路的主要用途有：

（1）延迟：将输出电压作为电子开关的输入电压，积分电路可以起到延迟作用。

（2）将矩形波转换为三角波。

（3）当积分电路的输入信号为正弦波时，若运算放大器处于线性工作范围，在正弦稳态条件下，输出电压的相位比输入电压超前 90°，且这个相位差与输入信号的角频率无关，但输出电压的幅度随输入信号的角频率升高而下降。

2）微分电路

微分电路可以实现对输入信号的微分运算。微分是积分的逆运算，因此把积分电路中电阻和电容的位置互换，就构成了微分电路，如图 4-31 所示。

在理想情况下，微分电路的输出电压与输入电压的函数关系为

$$U_o = R_F C_1 \frac{\mathrm{d}U_i}{\mathrm{d}t} = -\tau \frac{\mathrm{d}U_i}{\mathrm{d}t} \qquad (4-47)$$

在微分电路中，输入端与电容 C_1 串接了一个小电阻 R_1。在低频区，$R_1 \ll \frac{1}{\omega C_1}$，因此在主工作频率范围内，电阻 R_1 的作用不明显，电路只起微分作用。在高频区，当容抗小于电阻 R_1 时，R_1 的存在限制了闭环增益的进一步增大，从而可有效抑制高频噪声和干扰。但 R_1 的阻值不能过大，太大会引起微分电路误差，一般选择 $R_1 \leqslant 10\ \mathrm{k}\Omega$。当输入信号的频率低于 $f_o = \frac{1}{2\pi R_1 C_1}$ 时，电路起微分作用；当信号频率远大于 f_o 时，电路近似为反相器，这时高频电压增益为

$$A_u = -\frac{R_F}{R_1}$$

微分电路最主要的应用是将矩形波信号转换为尖脉冲信号,如图 4-32 所示。

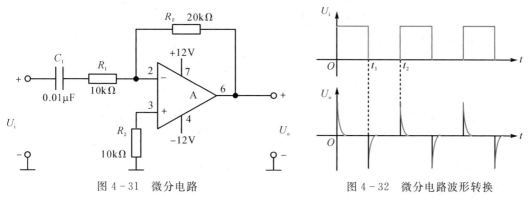

图 4-31　微分电路　　　　　图 4-32　微分电路波形转换

4. 实验内容与步骤

1) 积分电路

(1) 根据图 4-30 所示电路连线,并输入矩形波信号,频率 $f=1\,kHz$,幅值为 1 V,利用双踪示波器观测并准确记录输入和输出信号的幅值、周期和相位差,并计算积分时间常数。

(2) 输入正弦波信号,频率 $f=1\,kHz$,幅值为 1 V,利用双踪示波器观测并准确记录输入和输出信号的幅值、周期和相位差。

(3) 降低正弦波信号频率,保持幅值不变,观测输出信号波形,记录积分电路不起积分作用而成反相器时的输入信号频率,并计算此时的电压增益。

2) 微分电路

(1) 根据图 4-31 所示电路连线,输入矩形波信号,频率 $f=1\,kHz$,幅值为 1 V,利用双踪示波器观测并准确记录输入与输出信号的幅值、周期和相位差。

(2) 输入正弦波信号,频率 $f=1\,kHz$,幅值为 1 V,利用双踪示波器观测并准确记录输入与输出信号的幅值、周期和相位差。

(3) 增大正弦波信号频率,保持幅值不变,观测输出信号波形,记录微分电路不起微分作用而成反相器时的输入信号频率,并计算此时的电压增益。

(4) 输入三角波信号,频率 $f=1\,kHz$,幅值为 1 V,利用双踪示波器观测并准确记录输入与输出信号的幅值、周期和相位差。

3) 积分-微分电路

(1) 根据图 4-33 所示电路连线,输入矩形波信号,频率 $f=1\,kHz$,幅值为 1 V,利用双踪示波器观测并准确记录输入与输出信号的幅值、周期和相位差。

(2) 输入正弦波信号,频率 $f=1\,kHz$,幅值为 1 V。利用双踪示波器观测并准确记录输入与输出信号的幅值、周期和相位差。

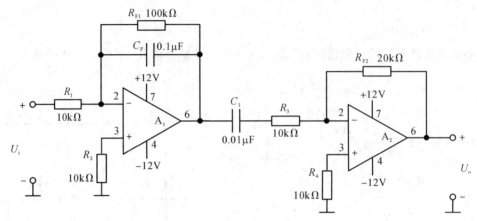

图 4-33　积分-微分电路

5. 预习要求

(1) 复习集成运算放大器组成积分电路和微分电路的原理。

(2) 从理论上分析实验电路波形,并得出相应的结论。

(3) 分析实验电路中各元器件的作用。

6. 实验报告要求

(1) 画出完整的电路图,并说明电路参数的设计过程。

(2) 整理实验数据,画出实验数据波形,并对实验结果、误差大小和产生的原因进行分析。

(3) 对调试过程中出现的问题进行分析,并说明解决的措施。

(4) 完成实验小结。

7. 思考题

(1) 在积分电路中,R_F 起到什么作用?

(2) 在微分电路中,R_1 起到什么作用?

(3) 在积分电路中,输入信号是矩形波时,输出信号的波形是什么?矩形波信号的脉冲宽度和时间常数的关系是什么?

(4) 在微分电路中,输入信号是矩形波时,输出信号的波形是什么?矩形波信号的脉冲宽度和时间常数的关系是什么?

(5) 思考如何使用 Multisim 电路仿真软件对积分电路和微分电路进行仿真,并画出其仿真电路。

4.7　波形发生电路

1. 实验目的

(1) 掌握波形发生电路的特点和分析方法。

（2）熟悉波形发生器设计方法。

2. 实验设备与器件

（1）模拟电子电路实验箱。

（2）函数信号发生器。

（3）双踪示波器。

（4）交流毫伏表。

（5）数字式万用表。

（6）直流稳压电源。

3. 实验原理

1）矩形波发生器

矩形波信号常在数字电路中作为信号源，矩形波发生器电路如图4-34所示。在电路图中，运算放大器构成滞回比较器电路，VD_Z是双向稳压管，使输出电压的幅值被限制在$+U_Z$和$-U_Z$之间；R_2上的电压U_R是输出电压幅值的一部分，即

$$U_R = \pm \frac{R_2}{R_1 + R_2} U_Z \tag{4-48}$$

U_R加在同相输入端，作为输入参考电压；U_C加在反相输入端，U_C和U_R相比较从而决定U_o的极性，R_3是限流电阻。

矩形波发生器电路工作稳定以后，当U_o为$+U_Z$时，U_R也为正值，这时$U_C < U_R$，U_o通过R_F对电容C充电，U_C按指数规律增长。当U_C增大到等于U_R时，U_o由$+U_Z$变为$-U_Z$，U_R也变为负值，这时电容C开始通过R_F放电，而后反向充电。当充电到U_C等于$-U_R$时，U_o即由$-U_Z$变为$+U_Z$。电路如此周期性地变化，在输出端便得到矩形波电压，如图4-35所示。

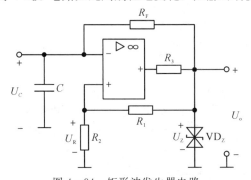

图4-34 矩形波发生器电路

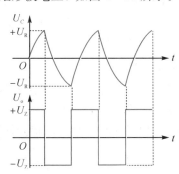

图4-35 矩形波发生器波形图

2）三角波发生器

三角波发生器电路如图4-36所示。在电路图中，运算放大器A_1构成滞回比较器，运算放大器A_2构成积分电路。电路工作稳定以后，当U_{o1}为$-U_Z$时，可利用叠加定理求出A_1同相输入端的电位为

$$U_{1+} = \frac{R_2}{R_1 + R_2}(-U_Z) + \frac{R_1}{R_1 + R_2} U_{o2} \tag{4-49}$$

其中，第一项是U_{o1}单独作用时（A_2的输出端接"地"短路，即$U_{o2}=0$）A_1同相输入端的电位；第二项是U_{o2}单独作用时（A_1的输出端接"地"短路，即$U_{o1}=0$）A_1同相输入端的电位。当滞

回比较器的参考电压 $U_{1+} = U_{1-} = 0$ 时，输出电压 U_{o1} 从 $-U_Z$ 变为 $+U_Z$，由式(4-49)可得

$$U_{o2} = \frac{R_2}{R_1}U_Z \qquad (4-50)$$

即当 U_{o2} 上升为 $\dfrac{R_2}{R_1}U_Z$ 时，U_{o1} 从 $-U_Z$ 变为 $+U_Z$。

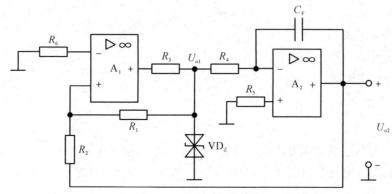

图 4-36 三角波发生器电路

同理，当 U_{o1} 变为 $+U_Z$ 时，A_1 同相输入端的电位为

$$U_{1+} = \frac{R_2}{R_1+R_2}U_Z + \frac{R_1}{R_1+R_2}U_{o2} \qquad (4-51)$$

当 $U_{1+} = U_{1-} = 0$ 时，输出电压 U_{o1} 从 $+U_Z$ 变为 $-U_Z$，由式(4-51)可得

$$U_{o2} = -\frac{R_2}{R_1}U_Z \qquad (4-52)$$

电路如此周期性地变化，A_1 输出为矩形波信号，A_2 输出为三角波信号，波形图如图4-37所示。该电路也称为矩形波-三角波发生器。

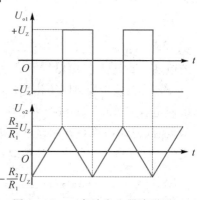

图 4-37 三角波发生器波形图

3) 锯齿波发生器

锯齿波电压在示波器、数字仪表等电子设备中作为扫描信号之用。锯齿波发生器电路如图 4-38 所示，与三角波发生器的电路基本相同。因在 A_2 反相输入端加入了电阻 R_4、R_5 和二极管 VD，使正向积分和负向积分的时间常数大小不等，故两者积分时间明显不同。

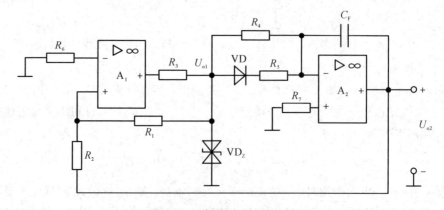

图 4-38 锯齿波发生器电路

当 U_{o1} 为 $+U_Z$ 时,二极管 VD 导通,故积分时间常数为 $(R_4 \mathbin{/\!/} R_5)C_F$,其数值小于 U_{o1} 为 $-U_Z$ 时的积分时间常数 $R_4 C_F$ 。如果 $R_5 \ll R_4$,则正负向积分的时间相差很大, $T_2 \ll T_1$,从而形成锯齿波电压,如图 4-39 所示。

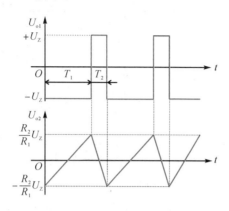

图 4-39　锯齿波发生器波形图

4. 实验内容与步骤

1)矩形波发生器

(1)按照图 4-40 接线,观察矩形波发生器 U_C 和 U_o 的振荡频率、幅值及占空比。

(2)分别测量 $R_P = 0$、$R_P = 100\text{k}\Omega$ 时矩形波发生器输出信号的频率、幅值。

(3)选择合适的电路参数获得更低频率的输出信号,在模拟电子电路实验箱上搭建电路并验证。

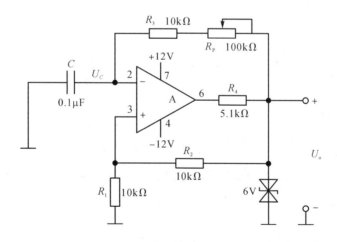

图 4-40　矩形波发生器实验电路

2)三角波发生器

(1)按照图 4-41 所示电路接线,分别测量三角波发生器电路 U_{o1} 和 U_{o2} 的波形,并记录这两种电压信号的频率、幅值和占空比。

(2)修改电路参数改变输出信号波形的频率,并在模拟电子电路实验箱上搭建电路进行验证。

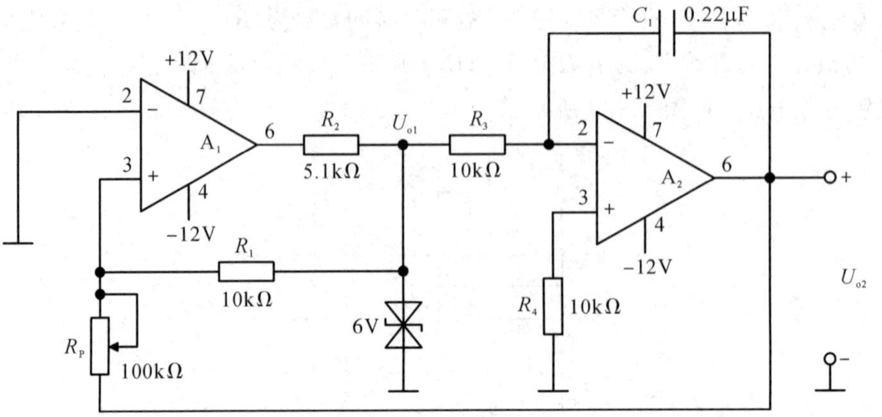

图 4-41　三角波发生器实验电路

3）锯齿波发生器

（1）按照图 4-42 所示接线，测量锯齿波发生器电路 U_{o1} 和 U_{o2} 的波形，并记录这两种电压信号的频率、幅值和占空比。

（2）修改电路参数改变输出信号波形的频率，并在模拟电子电路实验箱上搭建电路进行验证。

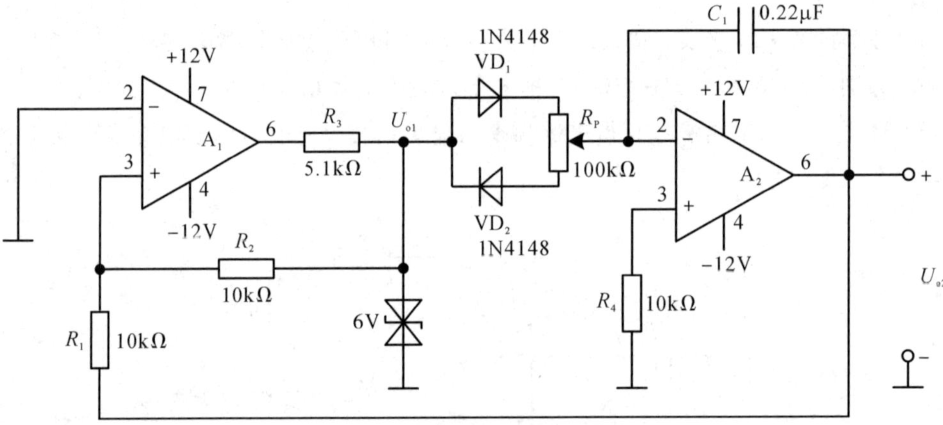

图 4-42　锯齿波发生器实验电路

5. 预习要求

（1）预习矩形波发生器、三角波发生器、锯齿波发生器的工作原理，并画出输出电压的波形。

（2）从理论上分析如何改变矩形波发生器输出波形的占空比，以及哪些参数决定输出波形的占空比。

（3）从理论上分析哪些参数决定三角波发生器的频率。

（4）从理论上分析锯齿波发生器输出波形受哪些参数影响。

6. 实验报告要求

（1）画出矩形波发生器、三角波发生器和锯齿波发生器的实验电路图，并说明参数的设计过程。

（2）整理实验数据，画出实验数据波形，并对实验结果进行分析，以及说明输出电压波形和频率受哪些参数影响。

(3) 完成实验小结。

7. 思考题

(1) 各波形发生电路需要调零吗? 有没有输入端?

(2) 三角波发生器和锯齿波发生器有什么共同点和不同点?

(3) 思考如何使用 Multisim 电路仿真软件对矩形波发生器电路、三角波发生器电路和锯齿波发生器电路进行仿真,并画出它们的仿真电路。

4.8 有源滤波器

1. 实验目的

(1) 熟悉有源滤波器的构成及其特性。

(2) 学会测量有源滤波器的幅频特性。

2. 实验设备与器件

(1) 模拟电子电路实验箱。

(2) 函数信号发生器。

(3) 双踪示波器。

(4) 交流毫伏表。

(5) 数字式万用表。

(6) 直流稳压电源。

3. 实验原理

滤波器能够选择有用的信号而抑制无用的信号,使一定频率范围内的信号衰减很小,能顺利通过,同时在此频率范围以外的信号衰减很大,不易通过。将 RC 电路连接到运算放大器的同相输入端,可构成滤波器。因为运算放大器是有源器件,所以这类滤波器为有源滤波器。有源滤波器具有体积小、效率高、频率特性好等优点,在信息处理、数据传送和干扰抑制等方面应用广泛。

1) 有源低通滤波器

有源低通滤波器电路如图 4-43(a)所示。设输入信号为某一频率的正弦波信号,由 RC 电路可得

$$\dot{U}_+ = \dot{U}_C = -\frac{\frac{1}{j\omega C}}{R + \frac{1}{j\omega C}}\dot{U}_i = \frac{\dot{U}_i}{1 + j\omega RC} \tag{4-53}$$

根据同相比例运算电路可得

$$\dot{U}_o = \left(1 + \frac{R_F}{R_1}\right)\dot{U}_+ \tag{4-54}$$

因此

$$\frac{\dot{U}_o}{\dot{U}_i} = \frac{1 + \frac{R_F}{R_1}}{1 + j\omega RC} = \frac{1 + \frac{R_F}{R_1}}{1 + j\frac{\omega}{\omega_0}} \tag{4-55}$$

式中，$\omega_o = \dfrac{1}{RC}$ 称为截止角频率。

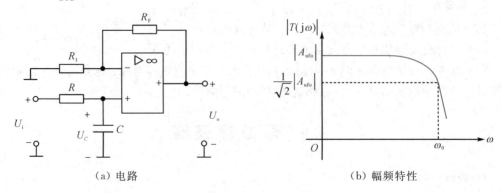

（a）电路　　　　　　　　　　（b）幅频特性

图 4 - 43　有源低通滤波器

若频率 ω 为变量，则该电路的传递函数为

$$T(\mathrm{j}\omega) = \frac{U_o(\mathrm{j}\omega)}{U_i(\mathrm{j}\omega)} = \frac{1 + \dfrac{R_F}{R_1}}{1 + \mathrm{j}\,\dfrac{\omega}{\omega_0}} = \frac{A_{ufo}}{1 + \mathrm{j}\,\dfrac{\omega}{\omega_0}} \qquad (4-56)$$

其模为

$$\left| T(\mathrm{j}\omega) \right| = \frac{\left| A_{ufo} \right|}{\sqrt{1 + \left(\dfrac{\omega}{\omega_0}\right)^2}} \qquad (4-57)$$

辐角为

$$\varphi(\omega) = -\arctan \frac{\omega}{\omega_0} \qquad (4-58)$$

由式(4-57)可得：$\omega = 0$ 时，$\left| T(\mathrm{j}\omega) \right| = \left| A_{ufo} \right|$；$\omega = \omega_0$ 时，$\left| T(\mathrm{j}\omega) \right| = \dfrac{\left| A_{ufo} \right|}{\sqrt{2}}$；$\omega = \infty$ 时，$\left| T(\mathrm{j}\omega) \right| = 0$。

有源低通滤波器的幅频特性如图 4 - 43(b)所示。为了改善滤波效果，使 $\omega > \omega_0$ 时信号衰减得快些，常将两节 RC 电路串接起来，如图 4 - 44(a)所示，称为二阶有源低通滤波器，其幅频特性如图 4 - 44(b)所示。

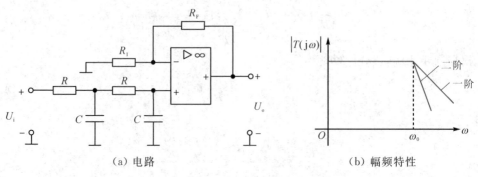

（a）电路　　　　　　　　　　（b）幅频特性

图 4 - 44　二阶有源低通滤波器

2) 有源高通滤波器

如果把有源低通滤波器中 RC 电路的 R、C 互换,即可得到有源高通滤波器,如图4-45(a)所示。

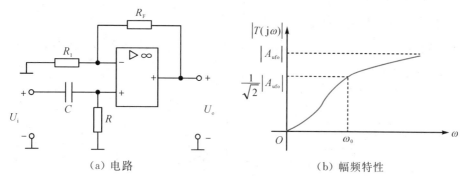

（a）电路　　　　　　　（b）幅频特性

图4-45　有源高通滤波器

由 RC 电路可得

$$\dot{U}_+ = \frac{R}{R + \frac{1}{j\omega C}}\dot{U}_i = \frac{\dot{U}_i}{1 + \frac{1}{j\omega RC}} \qquad (4-59)$$

根据同相比例运算电路可得

$$\dot{U}_o = \left(1 + \frac{R_F}{R_1}\right)\dot{U}_+ \qquad (4-60)$$

因此

$$\frac{\dot{U}_o}{\dot{U}_i} = \frac{1 + \frac{R_F}{R_1}}{1 + \frac{1}{j\omega RC}} = \frac{1 + \frac{R_F}{R_1}}{1 - j\frac{\omega_0}{\omega}} \qquad (4-61)$$

式中,截止角频率 $\omega_0 = \frac{1}{RC}$。

若频率 ω 为变量,则该电路的传递函数为

$$T(j\omega) = \frac{U_o(j\omega)}{U_i(j\omega)} = \frac{1 + \frac{R_F}{R_1}}{1 - j\frac{\omega_0}{\omega}} = \frac{A_{ufo}}{1 - j\frac{\omega_0}{\omega}} \qquad (4-62)$$

其模为

$$|T(j\omega)| = \frac{|A_{ufo}|}{\sqrt{1 + \left(\frac{\omega_0}{\omega}\right)^2}} \qquad (4-63)$$

辐角为

$$\varphi(\omega) = \arctan\frac{\omega_0}{\omega} \qquad (4-64)$$

由式(4-63)可得:$\omega = 0$ 时,$|T(j\omega)| = 0$;$\omega = \omega_0$ 时,$|T(j\omega)| = \frac{|A_{ufo}|}{\sqrt{2}}$;$\omega = \infty$ 时,

$|T(j\omega)| = |A_{ufo}|$。

有源高通滤波器的幅频特性如图 4-45(b)所示。

4. 实验内容与步骤

1) 有源低通滤波器

(1) 按照图 4-46 所示接线,并调整信号的频率,满足 U_o 不失真,在全频范围内观察电路是否具有低通特性。

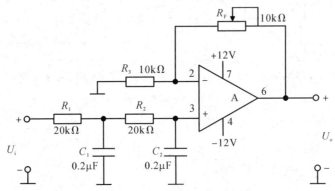

图 4-46 有源低通滤波器实验电路

(2) 输入端加入正弦波信号,其幅值保持不变,$U_i = 1$ V,频率从最低频率开始逐渐升高,观察输出电压 U_o 变化情况;在不同的频率下,测量输出电压 U_o,将测量数据填入表 4-24 中;画出幅频特性曲线,并记录截止频率 f_o。

表 4-24 有源低通滤波器测量数据

U_i/V	1	1	1	1	1	1	1	1	1
f/Hz	5	10	30	60	100	200	500	1000	1500
U_o/V									

2) 有源高通滤波器

(1) 按照图 4-47 所示接线,并调整信号的频率,满足 U_o 不失真,在全频范围内观察电路是否具有高通特性。

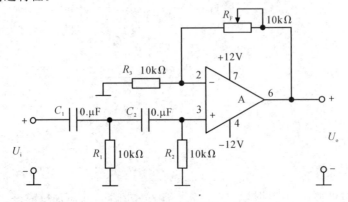

图 4-47 有源高通滤波器实验电路

（2）输入端加入正弦波信号，其幅值保持不变，$U_i = 1$ V，频率从最高频率开始逐渐降低，观察输出电压 U_o 变化情况；在不同的频率下，测量输出电压 U_o，将测量数据填入表 4-25 中；画出幅频特性曲线，并记录截止频率 f_o。

表 4-25 有源高通滤波器测量数据

U_i/V	1	1	1	1	1	1	1	1	1
f/Hz	5	10	30	60	100	200	500	1000	1500
U_o/V									

5. 预习要求

（1）复习有源滤波器的工作原理和幅频特性。

（2）写出低通滤波器和高通滤波器的增益特性表达式。

（3）计算低通滤波器和高通滤波器的截止频率。

（4）画出低通滤波器和高通滤波器的幅频特性曲线。

6. 实验报告要求

（1）整理实验数据，画出各电路幅频特性曲线，并与计算值对比，分析误差。

（2）分析、总结低通滤波器和高通滤波器的滤波特性。

（3）完成实验小结。

7. 思考题

（1）如何区分低通滤波器的一阶、二阶电路？它们有什么共同点和不同点？它们的幅频特性曲线有区别吗？

（2）低通和高通滤波器的特点是什么？低通滤波器和高通滤波器的区别是什么？

（3）思考如何使用 Multisim 电路仿真软件对高通滤波器和低通滤波器进行电路仿真，并画出它们的仿真电路。

4.9 电压比较器

电压比较器

1. 实验目的

（1）掌握电压比较器的组成、工作原理及其特性。

（2）掌握电压比较器的测试方法。

（3）掌握稳压管在限幅电路中的应用。

（4）熟悉电压比较器的应用。

2. 实验设备与器件

（1）模拟电子电路实验箱。

（2）函数信号发生器。

（3）双踪示波器。

（4）交流毫伏表。

（5）数字式万用表。

（6）直流稳压电源。

3. 实验原理

电压比较器的作用是比较输入电压和参考电压，就是将一个模拟量的电压信号去和一个参考电压相比较，当二者幅值近似相等时，其输出电压将产生跃变。电压比较器通常用于越限报警、模/数转换和波形变换等场合。

1）电压比较器

电压比较器电路如图 4-48(a)所示，运算放大器处于开环状态，阈值电压 $U_T = U_R$（U_R 为参考电压），输出端电阻 R_3、反向并联的稳压二极管为整形电路，输出电压 U_o 只有 U_{oH} 和 U_{oL} 两个值。在实际电路中，输出电压一般为运算放大器的正负限幅值，或稳压管的 $\pm U_Z$ 值，且

$$U_o = -U_Z \quad (U_i > U_R)$$
$$U_o = +U_Z \quad (U_i < U_R)$$

当 $U_T = U_R$ 时，U_o 发生高、低电平跳转。

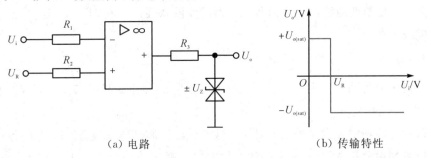

（a）电路   （b）传输特性

图 4-48 电压比较器

电压比较器的传输特性如图 4-48(b)所示，其中 $\pm U_{o(sat)}$ 为运算放大器正负饱和电压。电压比较器根据输出电压是高或低，就可以判断输入信号是小于还是大于参考电压 U_R，如果 $U_R = 0$，则称为过零比较器。电压比较器在实际工作时，由于零漂的存在，对控制系统的执行结构动作很不利，一般要求输出特性具有滞回特性。

2）滞回比较器

滞回比较器又称为迟滞比较器或施密特触发器，因为抗干扰能力强，所以应用广泛。在滞回比较器中，如果信号从反相输入端输入，则称为反相滞回比较器，如果信号从同相输入则端输入称为同相滞回比较器。

反相滞回比较器电路如图 4-49(a)所示，U_i 从反相端输入，通过 R_3 引入正反馈，R_4 和稳压管组成双向限幅电路。

由于 U_o 有高电平和低电平两个值，因此阈值电压 U_T 也存在两个值，即

$$U_{T1} = \frac{U_R - U_Z}{R_2 + R_3} \times R_3 + U_Z = \frac{R_3 U_R + R_2 U_Z}{R_2 + R_3} \text{（上限触发电平）} \quad (4-65)$$

$$U_{T2} = \frac{U_R + U_Z}{R_2 + R_3} \times R_3 - U_Z = \frac{R_3 U_R - R_2 U_Z}{R_2 + R_3} \quad (\text{下限触发电平}) \qquad (4-66)$$

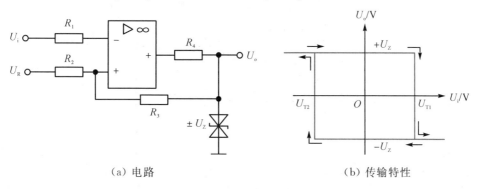

（a）电路　　　　　　　　　　　　　（b）传输特性

图 4-49　反相滞回比较器

若 $U_R = 0$，传输特性曲线是关于原点对称的，相当于在过零比较器中增加了回差特性，提高了抗干扰能力。$(U_{T1} - U_{T2})$ 称为回差，改变 R_2 的数值可以改变回差大小。如图 4-49(b) 所示是滞回比较器的传输特性曲线，对于该曲线应明确以下几点：

（1）滞回比较器能加速输出电压的转变过程和改善输出波形在跃变时的陡度。

（2）滞回比较器的回差特性提高了电路的抗干扰能力。由于输出电压一旦转变为 $+U_Z$ 和 $-U_Z$ 后，U_+ 随即自动变化，因此 U_i 必须有较大的反向变化才能使输出电压转变。

4. 实验内容与步骤

1）过零比较器

（1）按照图 4-50 所示接线，当 U_i 悬空时测量输出电压 U_o，并用示波器观察 U_o 的波形。

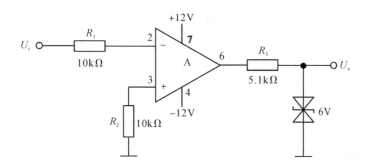

图 4-50　过零比较器实验电路

（2）输入正弦波信号，U_i 幅值为 1 V，频率 $f = 500$ Hz，利用双踪示波器观测并准确记录输入信号与输出信号的幅值、周期和相位差。

（3）改变 U_i 幅值，观察 U_o 变化。

2）反相滞回比较器

（1）按照图 4-51 所示接线，参考电压 U_R 为直流电压，电压值为 1 V，将 R_P 调为

$20 \text{ k}\Omega$，U_i连接直流电压源，测量输出电压U_o由$+6\text{ V}$变化为-6 V时U_i的临界值。

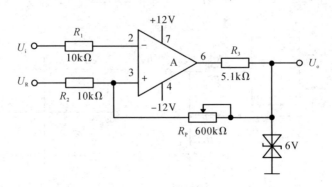

图 4-51　反相滞回比较器实验电路

（2）输入正弦波信号，U_i幅值为 1 V，频率 $f=500$ Hz，利用双踪示波器观测并准确记录输入信号与输出信号的幅值、周期和相位差。

（3）将电路中参考电压 U_R 调整为 2 V，重复上述实验，记录前后两次实验结果的变化。

3）同相滞回比较器

（1）按照图 4-52 所示接线，并将电位器 R_P 调为 20 kΩ，U_i 连接直流电压源，测出 U_o 由 $+6$ V 变化为 -6 V 时 U_i 的临界值。

（2）输入正弦波信号，U_i 幅值为 1 V，频率 $f=500$ Hz，利用双踪示波器观测并准确记录输入电压 U_i 和输出电压 U_o 的幅值、周期和相位差。

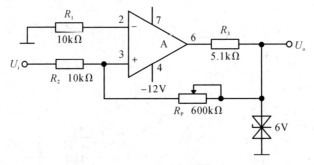

图 4-52　同相滞回比较器实验电路

5. 预习要求

（1）复习电压比较器的工作原理和传输特性。

（2）复习滞回比较器的工作原理和传输特性。

（3）掌握电压比较器的测试方法。

（4）掌握稳压管在限幅电路中的应用。

6. 实验报告要求

（1）画出电压比较器、滞回比较器的电路图，并说明电路参数的设计过程。

（2）整理实验数据，画出实验数据波形，并与理论计算结果进行比较。

(3) 总结过零比较器、反相滞回比较器和同相滞回比较器的特点和应用范围。

(4) 完成实验小结。

7. 思考题

(1) 集成运算放大器在电压比较器电路和运算电路中的工作状态相同吗? 如何判断电路中集成运算放大器的工作状态?

(2) 为什么电压比较器可以实现正弦波到矩形波的变换?

(3) 电压比较器有哪些重要应用? 举例说明。

(4) 思考如何使用 Multisim 电路仿真软件对电压比较器进行电路仿真,并画出其仿真电路。

4.10 集成稳压器

直流稳压电源

1. 实验目的

(1) 加深对集成稳压器的工作原理、性能指标意义的理解,提高工程实践能力。

(2) 掌握直流稳压电源主要参数测量方法。

2. 实验仪器

(1) 模拟电子电路实验箱。

(2) 函数信号发生器。

(3) 双踪示波器。

(4) 交流毫伏表。

(5) 数字式万用表。

(6) 直流稳压电源。

3. 实验原理

随着半导体工艺的发展,稳压电路也被制成了集成器件,即集成稳压器。由于集成稳压器具有体积小、外接线路简单、使用方便、工作可靠和通用性等优点,因此在各种电子设备中应用十分普遍,基本取代了由分立元件构成的稳压电路。集成稳压器的种类很多,应根据设备对直流电源的要求进行选择。对于大多数电子仪器、设备和电子电路来说,通常选用串联线性集成稳压器。

1) W78xx/W79xx 三端固定式集成稳压器

W78xx/W79xx 系列三端式集成稳压器的输出电压是固定的,在使用中不能进行调整。W78xx 输出正电压,W79xx 输出负电压。以 W78xx 为例,输出电压有 5 V、6 V、9 V、12 V、15 V、18 V、24 V 等规格,输出电流最大可达 1.5 A(加散热片)。同类型的 78M 系列稳压器的输出电流为 0.5 A,78L 系列稳压器的输出电流为 0.1 A。W78xx 引脚定义与外形图如图 4-53 所示。

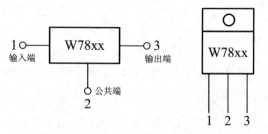

图 4-53　W78xx 外形及接线图

三端固定式集成稳压器 W7805 主要参数为：输出直流电压 $U_o = +5$ V，电压调整率为 10 mV/V；输出电阻 $r_o = 0.15$ Ω；输入电压 U_i 的范围为 8～10 V。一般情况下 U_i 要比 U_o 大 3～5 V，才能保证集成稳压器工作在线性区。

由三端固定式集成稳压器 W7805 构成的串联型稳压电源如图 4-54 所示。其中整流部分采用桥式整流器，滤波电容 C_1、C_3 一般选取几百到几千微法。当稳压器距离整流滤波电路比较远时，在输入端必须接入电容器 C_2（取值 0.33 μF），以抵消线路的电感效应，防止产生自激振荡。输出端电容 C_4（取值 0.1 μF）用以滤除输出端的高频信号，改善电路的暂态响应。如果 C_4 容量较大，一旦输入端断开，则 C_4 将从稳压器输出端向稳压器放电，损坏稳压器。因此，可在三端稳压器的输入端和输出端之间跨接一个二极管 VD，起到保护作用。

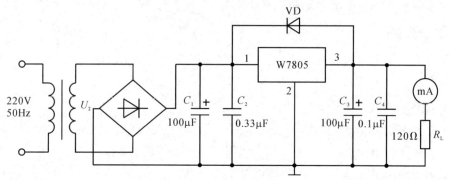

图 4-54　由 W7805 构成的串联型稳压电源

由三端固定式集成稳压器设计的正、负电压同时输出稳压电源电路如图 4-55 所示。如果输出电压 $U_{o1} = +12$ V，$U_{o2} = -12$ V，则可选用 W7812 和 W7912 三端稳压器，此时输入电压 U_i 为单电压输出时的两倍。

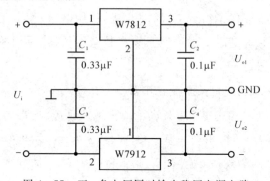

图 4-55　正、负电压同时输出稳压电源电路

当集成稳压器本身的输出电压或输出电流不能满足要求时，可通过外接电路来进行性能扩展。如图 4-56 所示是一种简单的输出电压可调的稳压电源电路，由于 W7805 稳压器的 3、2 端间输出电压 $U_{xx}=5$ V，运算放大器构成电压跟随器电路，因此 $U_{xx}=U_+$。从而可得

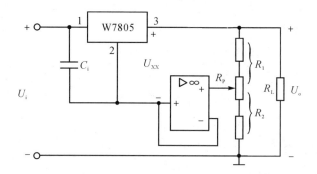

图 4-56　输出电压可调的稳压电源电路

$$U_o = \left(1 + \frac{R_2}{R_1}\right)U_{xx} \qquad (4-67)$$

2）LM317/LM337 三端可调式集成稳压器

　　在三端可调式集成稳压器中，LM117/217/317 为正压可调，LM137/237/337 为负压可调。LM317 引脚功能和外形图如图 4-57 所示。三端可调式集成稳压器没有公共接地端，只有输入端、输出端和调零端，采用悬浮式电路结构。

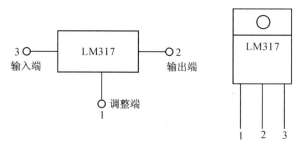

图 4-57　LM317 引脚功能和外形图

三端可调式集成稳压器 LM317 应用电路如图 4-58 所示，其输出电压调整范围为

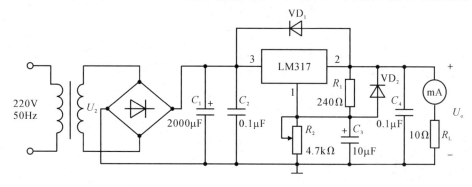

图 4-58　LM317 应用电路

$$U_{\circ} = 1.25 \left(1 + \frac{R_2}{R_1} \right) \qquad (4-68)$$

式中，R_1 为 240 Ω 固定电阻，R_2 为可变电阻。改变 R_2 的阻值，可得到所需的 $U_{\circ}$。为了减小 R_2 上的纹波电压，可给 R_2 并联一个 10 μF 电容 C_3。但是，当输出端短路时，C_3 将向稳压器调整端放电，并使调整管发射结反偏。为了保护稳压器，可在集成稳压管 LM317 输入端和输出端之间跨接一个二极管 VD_2，提供一个放电回路。

LM317 特性参数为：输出电压 $U_{\circ} = (1.25 \sim 37)$ V；输出电流 $I_{\text{omax}} = 1.5$ A；最小输入、输出压差 $(U_i - U_{\circ})_{\min} = 3$ V；最大输入、输出压差 $(U_i - U_{\circ})_{\max} = 40$ V；基准电压 $U_{\text{REF}} = 1.25$ V。

4. 实验内容与步骤

1）三端固定式集成稳压器

（1）按照图 4-59 所示接线，测量三端固定式集成稳压器的稳定输出电压 $U_{\circ}$，同时测量保持稳定输出电压条件下的输入电压 U_i 的范围输出电流 $I_{\circ}$ 的最大值。

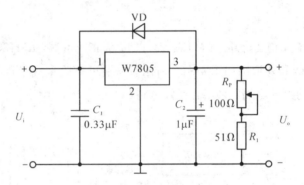

图 4-59　三端固定式集成稳压器

（2）按照图 4-60 所示接线，测量可调直流稳压器的输出电压及变化范围。

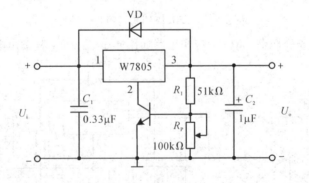

图 4-60　可调直流稳压器

2）三端可调式集成稳压器

按照图 4-61 所示接线，测量三端可调式集成稳压器的输出电压 $U_{\circ}$；调节电位器 R_P，测量 $U_{\circ}$ 的变化范围。

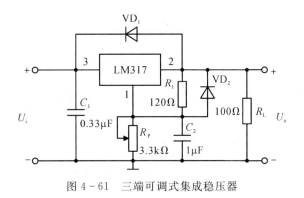

图 4－61　三端可调式集成稳压器

5．预习要求

（1）复习集成稳压器的工作原理。

（2）查阅手册，了解固定式三端集成稳压器和可调式三端集成稳压器的性能参数。

（3）根据电路参数，计算各稳压器输出电压变化范围。

6．实验报告要求

（1）整理实验数据，记录各稳压器的性能参数。

（2）总结本实验所用固定式三端集成稳压器和可调式三端集成稳压器的使用方法。

（3）完成实验小结。

7．思考题

（1）测量负载电流时，怎么接入电流表？其测量线路图和测量时测量工具使用的量程是什么？

（2）在实验过程中为了保证电路安全运行，应注意哪些问题？

（3）测试稳压电源技术指标时应注意哪些测试条件？

（4）直流稳压电源能否在 I_o 变化时 U_o 不变，为什么？

（5）思考如何使用 Multisim 电路仿真软件对集成稳压器进行电路仿真，并画出其仿真电路。

电子技术基础与实践

第五章　电子技术基础性实验(数字部分)

5.1　门电路认识及应用

四变量表决电路

1. 实验目的

(1) 掌握 TTL 集成与非门的逻辑功能。

(2) 掌握德·摩根定律转换方法。

(3) 能使用现有器件实现特定逻辑功能。

2. 实验设备与器件

(1) 数字电子电路实验箱。

(2) 数字式万用表。

(3) 数字式示波器。

(4) 74LS00 芯片及导线。

3. 实验原理

1) 逻辑门的介绍

与门的逻辑功能是：当输入端中有一个或一个以上是低电平时，输出为低电平；只有当输入端全部为高电平时，输出才是高电平。其逻辑表达式 $Y=AB$。

或门的逻辑功能是：只要入端中至少有一个高电平，则输出为高电平；只有输入端全部为低电平，输出才为低电平。或门的逻辑功能表达式为 $Y=A+B$。

非门的逻辑功能是：当其输入端为低电平时，输出为高电平；当其输入端为高电平时，输出为低电平。非门的逻辑功能表达式为 $Y=\overline{A}$。

与非门的逻辑功能是：当输入端中有一个或一个以上为低电平时，输出端为高电平；只有当输入端全部为高电平时，输出端才是低电平。即"有 0 出 1，全 1 出 0"，其逻辑表达式为 $Y=\overline{AB}$。

或非门的逻辑功能是：当输入端中有一个或一个以上为低电平时，输出端为高电平；只有当输入端全部为低电平时，输出端才是低电平。即"有 0 出 1，全 1 出 0"，其逻辑表达式为 $Y=\overline{A+B}$。

异或门的逻辑功能是：若两个输入端的电平相异，则输出高电平；若两个输入端的电平相同，则输出低电平。异或门的逻辑功能表达式为 $Y=A\oplus B=\overline{A}B+A\overline{B}$。

同或门的逻辑功能是：当两个输入端中有且只有一个是低电平时，输出为低电平；当输入电平相同时，输出为高电平。同或门的逻辑功能表达式为 $Y = A \odot B = AB + \overline{A}\,\overline{B}$。异或运算和同或运算互为非运算。

如表 5-1 所示为各种逻辑门的逻辑符号、逻辑式和真值表。

表 5-1　逻辑门的逻辑符号、逻辑式和真值表

逻辑门		与门	或门	非门	与非门	或非门	异或门	同或门
逻辑符号								
逻辑式		$Y = AB$	$Y = A+B$	$Y = \overline{A}$	$Y = \overline{AB}$	$Y = \overline{A+B}$	$Y = A \oplus B$	$Y = A \odot B$
A	B	Y	Y	Y	Y	Y	Y	Y
0	0	0	0	1	1	1	0	1
0	1	0	1	1	1	0	1	0
1	0	0	1	0	1	0	1	0
1	1	1	1	0	0	0	0	1

2) 德·摩根定律

在逻辑代数中，德·摩根定律是关于命题逻辑规律的一对法则，在数理逻辑的定理推演、计算机的逻辑设计以及数学的集合运算中起着重要作用。德·摩根定律在数字技术逻辑电路中得到广泛应用，其逻辑关系为

$$Y = \overline{AB} = \overline{A} + \overline{B} \tag{5-1}$$

$$Y = \overline{A+B} = \overline{A}\,\overline{B} \tag{5-2}$$

其验证关系如表 5-2。

表 5-2　德·摩根定律验证关系

A	B	$Y = \overline{AB}$	$Y = \overline{A} + \overline{B}$	$Y = \overline{A+B}$	$Y = \overline{A} \cdot \overline{B}$
0	0	1	1	1	1
0	1	1	1	0	0
1	0	1	1	0	0
1	1	0	0	0	0

利用德·摩根定律证明异或和同或互为非运算如下所示：

$$Y = \overline{\overline{A}B + A\overline{B}} = \overline{\overline{A}B} \cdot \overline{A\overline{B}} = (\overline{\overline{A}} + \overline{B})(\overline{A} + \overline{\overline{B}})$$

$$= \overline{A}\,\overline{A} + \overline{A}\,\overline{B} + AB + B\overline{B} = AB + \overline{A}\,\overline{B}$$

3) 74LS00 芯片

74LS00 是 4 个二输入与非门芯片，内部含有 4 个独立的逻辑单元，每个与非门有两个输入端，其内部结构及引脚排列如图 5-1 所示。

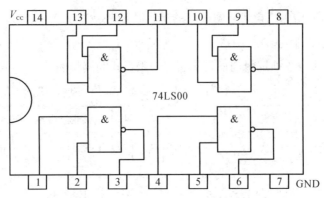

图 5-1　74LS00 内部结构及引脚排列

4）组合逻辑电路的分析和设计

根据给出的实际逻辑问题，求出实现这一逻辑功能的最简逻辑电路（这是设计组合逻辑电路时要完成的工作）。分析组合逻辑电路的步骤如图 5-2 所示，即首先根据已知逻辑电路图，写出逻辑表达式，然后通过逻辑表达式列出逻辑状态表，最后分析出逻辑功能。

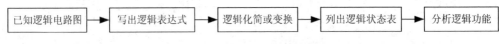

图 5-2　分析组合逻辑电路的步骤

进行组合逻辑电路设计时，首先要对设计要求的逻辑功能（已知逻辑要求）进行分析，确定哪些因素为输入量，哪些为输出量，要求它们具有何种逻辑关系，并对它们进行赋值，即确定什么情况下为逻辑"1"，什么情况下为逻辑"0"；然后根据逻辑功能列出真值表，并根据真值表写出逻辑函数表达式，再根据选择的器件类型将逻辑函数式化简，最后根据化简或变换所得到的逻辑函数式画出逻辑电路图，如图 5-3 所示。

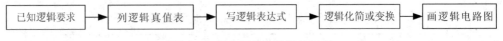

图 5-3　组合逻辑电路设计过程

下面以设计三人表决器的逻辑电路为例，说明小规模组合逻辑电路的设计过程。

（1）列逻辑状态表。三人分别用输入变量 A、B、C 表示，并规定同意时为 1，不同意为 0。输出变量用 Y 表示，两个或两个以上同意输出为 1，其余输出为 0。根据要求可列出逻辑真值表，如表 5-3 所示。

表 5-3　三人表决器真值表

A	B	C	Y	A	B	C	Y
0	0	0	0	1	0	0	0
0	0	1	0	1	0	1	1
0	1	0	0	1	1	0	1
0	1	1	1	1	1	1	1

(2) 根据真值表可得逻辑表达式为

$$Y = \overline{A}BC + A\overline{B}C + AB\overline{C} + ABC$$
$$= (\overline{A}BC + ABC) + (A\overline{B}C + ABC) + (AB\overline{C} + ABC)$$
$$= BC + AC + AB$$
$$= \overline{\overline{BC} \cdot \overline{AC} \cdot \overline{AB}}$$

(3) 用与非门实现的逻辑电路如图 5-4 所示。

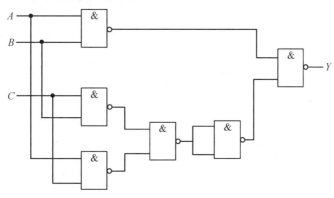

图 5-4　三人表决器逻辑电路图

4. 实验内容与步骤

1) 用与非门芯片 74LS00 实现组合逻辑功能 $Y = \overline{A}B\overline{C} + A\overline{B}C$

(1) 根据德·摩根定律将原式化为二输入与非门形式，其表达式为

$$Y = \overline{\overline{\overline{AB\overline{C}}} \cdot \overline{\overline{A\overline{B}C}}} = \overline{\overline{AB\overline{C}} \cdot \overline{\overline{A}CB}}$$

由表达式可知，完成电路设计需要 3 个非门和 7 个二输入与非门。为了减少所用器件种类，现用二输入与非门输入端短接代替非门，故需要 10 个二输入与非门。因为与非门芯片 74LS00 每片含有 4 个二输入与非门，所以一共需要 3 片 74LS00 芯片。

(2) 设计逻辑原理图，如图 5-5 所示。

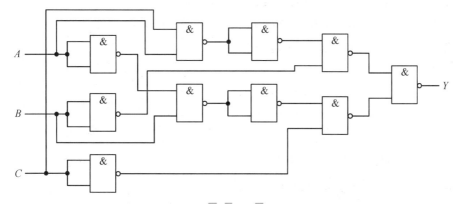

图 5-5　$Y = \overline{A}B\overline{C} + A\overline{B}C$ 逻辑电路图

首先，根据图 5-5 画出相应的电路接线图(注意：需要画出芯片管脚位置；接线图应包

含电源和地线连接情况；标明输入和输出引脚）。

其次，在数字电子电路实验箱上选定 3 个有 14 个引脚的底座，分别插好 3 片 74LS00 芯片，并按照接线图接好连线，A、B、C 输入端连接输入逻辑电平开关组件，Y 连接发光二极管逻辑电平指示组件。

最后，根据表 5-4 要求进行逻辑状态的测试，将测试结果填入表中，并与理论值进行比较，验证输出状态是否与理论值一致。

表 5-4 $Y=\overline{A}\overline{B}C+\overline{A}BC$ 的真值表与实测值

A	B	C	理论值 Y	实测值 Y
0	0	0		
0	0	1		
0	1	0		
0	1	1		
1	0	0		
1	0	1		
1	1	0		
1	1	1		

2）用与非门芯片 74LS00 实现组合逻辑功能 $Y=A\oplus B$

（1）根据德·摩根定律将表达式转化为二输入与非门形式，其表达式为

$$Y = A \oplus B = \overline{A}B + A\overline{B}$$
$$= \overline{\overline{\overline{A}B} \cdot \overline{A\overline{B}}}$$

由表达式可知，完成电路设计需要两个非门和 3 个二输入与非门。为了减少所用器件种类，可利用二输入与非门输入端短接代替非门，因此需要 5 个二输入与非门。因为 74LS00 为 4 个二输入与非门，所以需要两片 74LS00 芯片。

（2）设计逻辑电路图，如图 5-6 所示。

首先，根据图 5-6 画出相应电路接线图。

其次，在数字电子电路实验箱上选定两个有 14 个引脚的底座，分别插好两片 74LS00 芯片，并按照接线图接好连线，A、B 输入端分别连接输入逻辑电平开关组件，Y 连接发光二极管逻辑电平指示组件。

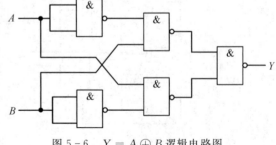

图 5-6 $Y=A\oplus B$ 逻辑电路图

最后，按表 5-5 要求进行逻辑状态的测试，将结果填入表中，并与理论值进行比较，验证设计的电路是否正确。

表 5 - 5　$Y = A \oplus B$ 的真值表与实测值

A	B	理论值 Y	实测值 Y
0	0		
0	1		
1	0		
1	1		

3）用 74LS00 设计 1 个四变量表决电路，实现 3 个或 3 个以上变量为真时输出为真

要求：

（1）写出设计过程。

（2）画出设计电路。

（3）画出用与非门 74LS00 芯片实现的实验接线图。

（4）设计验证方法。

（5）记录并分析验证结果。

5．预习要求

（1）熟悉实验用 TTL 门电路的引脚排列。

（2）根据实验电路图画出其相应的实验接线图。

（3）画好验证用的实验真值表表格。

6．实验报告要求

（1）写出实验电路的设计过程，并画出设计的电路图。

（2）对所设计的电路进行测试，并记录测试结果。

7．思考题

（1）TTL 门电路输入端在什么条件下允许悬空？

（2）TTL 门电路对电源电压有何要求？

（3）思考如何使用 Multisim 电路仿真软件对四变量表决电路进行仿真，并画出仿真电路。

5．2　编码器和译码器

1．实验目的

（1）掌握编码器、译码器的工作原理和特点。

（2）熟悉常用编码器、译码器的逻辑功能及应用电路。

2．实验设备与器件

（1）数字电子电路实验箱。

（2）数字式万用表。

（3）数字式示波器。

（4）74LS138、74LS139、74LS148、74LS248 数字芯片，共阴极数码管及导线。

3. 实验原理

用数字或某种文字和符号来表示某一对象或信号的过程称为编码。十进制编码或某种文字和符号的编码难于用电路来实现，因此在数字电路中一般用的是二进制编码。二进制只有 0 和 1 两个数码，可以把若干个 0 和 1 按一定规律编排起来组成不同的代码(二进制数)来表示某一对象或信号。

译码和编码的过程相反。编码是将某种信号或十进制的十个数码(输入)编成二进制代码(输出)。译码是将二进制代码(输入)按其编码时的原意译成对应的信号或十进制数码(输出)。

1) 8421 编码

二-十进制编码器是将十进制的 10 个数码 0，1，2，3，4，5，6，7，8，9 编成二进制代码的电路，输入的是十进制数码 0~9，输出的是对应的二进制代码。这种二进制代码又称为二-十进制代码，简称 BCD 码。因为输入有 10 个十进制数码，而 3 位二进制代码只有 8 种组合，所以输出的应是 4 位($2^n > 10$，取 $n = 4$)二进制代码。

4 位二进制代码共有 16 种状态，其中任意 10 种状态都可表示十进制数码 0~9。实际中应用最广泛的是 8421 编码方式，就是在 4 位二进制代码的 16 种状态中取出前 10 种状态，表示十进制数码 0~9，后面的 6 种状态不用，如表 5-6 所示。4 位二进制代码中的 1 所代表的十进制数从高位到低位依次为 8，4，2，1，称之为"权"，而后把每个数码乘以各位的"权"并相加，即得出该二进制代码所表示的 1 位十进制数。如"0101"，这个二进制代码就是表示十进制数"5"。

表 5-6 8421 码编码表

输　入	输　出			
十进制数	Y_3	Y_2	Y_1	Y_0
0 (I_0)	0	0	0	0
1 (I_1)	0	0	0	1
2 (I_2)	0	0	1	0
3 (I_3)	0	0	1	1
4 (I_4)	0	1	0	0
5 (I_5)	0	1	0	1
6 (I_6)	0	1	1	0
7 (I_7)	0	1	1	1
8 (I_8)	1	0	0	0
9 (I_9)	1	0	0	1

2) 74LS148 型 8 线-3 线优先编码器

当只有一个信号输入时，编码器中输入信号之间是相互排斥的。当同时输入多个信号时，编码器输出将发生混乱。为了解决这个问题，需要进行优先编码。在优先编码器中，当同时有两个以上的信号输入时,编码器只对其中优先级最高的输入信号进行编码,这样就避免了输出混乱的问题。优先级应在编码器设计时预先设定。

8线-3线优先编码器74LS148有8个信号输入端$\overline{I}_0 \sim \overline{I}_7$,3个二进制代码输出端$\overline{Y}_0 \sim \overline{Y}_7$,$\overline{ST}$为输入使能端,$\overline{Y}_{EX}$为输出使能端,$Y_S$为优先编码器状态标志端。74LS148功能如表5-7所示。

表 5-7　8线-3线优先编码器 74LS148 功能表

输　　入									输　　出				
$\overline{ST}$	$\overline{I}_7$	$\overline{I}_6$	$\overline{I}_5$	$\overline{I}_4$	$\overline{I}_3$	$\overline{I}_2$	$\overline{I}_1$	$\overline{I}_0$	$\overline{Y}_2$	$\overline{Y}_1$	$\overline{Y}_0$	$\overline{Y}_{EX}$	Y_S
1	×	×	×	×	×	×	×	×	1	1	1	1	1
0	1	1	1	1	1	1	1	1	1	1	1	1	0
0	0	×	×	×	×	×	×	×	0	0	0	0	1
0	1	0	×	×	×	×	×	×	0	0	1	0	1
0	1	1	0	×	×	×	×	×	0	1	0	0	1
0	1	1	1	0	×	×	×	×	0	1	1	0	1
0	1	1	1	1	0	×	×	×	1	0	0	0	1
0	1	1	1	1	1	0	×	×	1	0	1	0	1
0	1	1	1	1	1	1	0	×	1	1	0	0	1
0	1	1	1	1	1	1	1	0	1	1	1	0	1

由此功能表可以看出其输入和输出(除Y_S)均为低电平有效,输出的二进制代码为反码。在8个输入$\overline{I}_0 \sim \overline{I}_7$中,$\overline{I}_7$级别最高,$\overline{I}_6$次之,以此类推。即当$\overline{I}_7 = 0$时,其余输入信号不论是0还是1都不起作用,此时只对$\overline{I}_7$进行编码,输出$\overline{Y}_2 \overline{Y}_1 \overline{Y}_0 = 000$(此为反码,其原码为111)。

当输入使能端$\overline{ST} = 1$时,编码器不工作;当$\overline{ST} = 0$时,编码器工作,即低电平有效。当输出使能端$\overline{Y}_{EX} = 0$时,表示编码输出;当$\overline{Y}_{EX} = 1$时,表示非编码输出。若优先编码状态标志位$Y_S = 1$,$\overline{Y}_{EX} = 0$,则表示进行优先编码;若$Y_S = 0$,$\overline{Y}_{EX} = 1$,则无编码输出。Y_S和$\overline{ST}$配合使用可以实现多级编码器之间的优先级控制。

74LS148引脚图如图5-7所示。

图 5-7　74LS148 引脚图

3）3 线-8 线译码器

74LS138 型译码器为 3 线-8 线译码器，引脚图如图 5-8 所示，功能表如表 5-8 所示。3 线-8 线译码器有 1 个使能端 S_1 和两个控制端 $\overline{S}_2$、$\overline{S}_3$。S_1 高电平有效，当 $S_1=1$ 时，可以译码；当 $S_1=0$ 时，禁止译码，输出全为 1。$\overline{S}_2$ 和 $\overline{S}_3$ 低电平有效，若均为 0，可以译码；若其中有 1 个 1 或全为 1，则禁止译码，输出也全为 1。

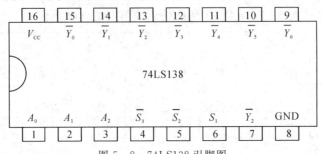

图 5-8　74LS138 引脚图

表 5-8　74LS138 引脚图

使能	控制		输　入			输　出							
S_1	$\overline{S}_2$	$\overline{S}_3$	A_2	A_1	A_0	$\overline{Y}_0$	$\overline{Y}_1$	$\overline{Y}_2$	$\overline{Y}_3$	$\overline{Y}_4$	$\overline{Y}_5$	$\overline{Y}_6$	$\overline{Y}_7$
0	×	×	×	×	×	1	1	1	1	1	1	1	1
×	1	×	×	×	×	1	1	1	1	1	1	1	1
×	×	1	×	×	×	1	1	1	1	1	1	1	1
1	0	0	0	0	0	0	1	1	1	1	1	1	1
1	0	0	0	0	1	1	0	1	1	1	1	1	1
1	0	0	0	1	0	1	1	0	1	1	1	1	1
1	0	0	0	1	1	1	1	1	0	1	1	1	1
1	0	0	1	0	0	1	1	1	1	0	1	1	1
1	0	0	1	0	1	1	1	1	1	1	0	1	1
1	0	0	1	1	0	1	1	1	1	1	1	0	1
1	0	0	1	1	1	1	1	1	1	1	1	1	0

4）二-十进制显示译码器

在数字仪表、计算机和其他数字系统中，常常要把测量数据和运算结果用十进制数显示出来。这就需要用到显示译码器，把"8421"二-十进制代码译成能用显示器件显示的十进制数。

半导体数码管的基本单元是发光二极管 LED，可把十进制数码分成 7 个字段，如图 5-9 所示。每个字段为一发光二极管，选择不同字段发光，可显示不同的字形。例如，当 a、b、c、d、e、f 六个字段全亮时，数码管显示"0"；b、c 段亮时，数码管显示"1"。半导体数码管中 7 个发光二极管有共阴极和共阳极两

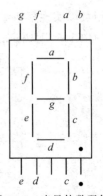

图 5-9　半导体数码管

种接法,如图 5 - 10 所示。共阴极数码管某一字段接高电平时发光,共阳极数码管某一字段接低电平时发光。半导体数码管在使用时每个发光二极管要串联限流电阻来进行保护。

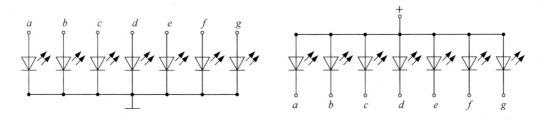

图 5 - 10　半导体数码管共阴极(左)和共阳极(右)接法

七段显示译码器的功能是把"8421"二-十进制代码译成对应于数码管的 7 个字段信号,驱动半导体数码管,以显示出相应的十进制数码。如果是 74LS248 型译码器,输出高电平有效,应采用共阴极数码管(如表 5 - 9 所示为其功能表);如果是 74LS247 型译码器,输出低电平有效,应采用共阳极数码管。

表 5 - 9　74LS248 型七段译码器的功能表

十进制数和功能	输　入						$\overline{BI}$	输　出							字形
	$\overline{LT}$	$\overline{RBI}$	A_3	A_2	A_1	A_0		a	b	c	d	e	f	g	
0	1	1	0	0	0	0	1	1	1	1	1	1	1	0	0
1	1	×	0	0	0	1	1	0	1	1	0	0	0	0	1
2	1	×	0	0	1	0	1	1	1	0	1	1	0	1	2
3	1	×	0	0	1	1	1	1	1	1	1	0	0	1	3
4	1	×	0	1	0	0	1	0	1	1	0	0	1	1	4
5	1	×	0	1	0	1	1	1	0	1	1	0	1	1	5
6	1	×	0	1	1	0	1	0	0	1	1	1	1	1	6
7	1	×	0	1	1	1	1	1	1	1	0	0	0	0	7
8	1	×	1	0	0	0	1	1	1	1	1	1	1	1	8
9	1	×	1	0	0	1	1	1	1	1	1	0	1	1	9
灭灯	×	×	×	×	×	×	0	0	0	0	0	0	0	0	暗
灭零	1	0	0	0	0	0	0	0	0	0	0	0	0	0	暗
试灯	0	×	×	×	×	×	1	1	1	1	1	1	1	1	8

74LS248 型译码器引脚图如图 5 - 11 所示,其中 $\overline{LT}$ 为试灯输入端,用来检验共阴极数码管的七段是否均能正常工作。当 $\overline{BI}=1$、$\overline{LT}=0$ 时,无论 $\overline{RBI}$、A_0、A_1、A_2、A_3 处于何种状态,输出 $a\sim g$ 均为 1,数码管七段全亮,显示"8"字。

图 5-11　74LS248 型译码器管脚图

$\overline{BI}$ 为灭灯输入端，当 $\overline{BI}=0$ 时，无论其他输入信号处于何种状态，输出 $a \sim g$ 均为 0，数码管七段全灭，数码管无显示。

$\overline{RBI}$ 为灭 0 输入端，当 $\overline{LT}=1$，$\overline{BI}=1$，$\overline{RBI}=1$ 时，同时满足 $A_3 A_2 A_1 A_0 = 0000$ 时，译码器正常输出，显示"0"字。此时，如果 $\overline{BI}=0$，$\overline{RBI}=0$ 时，输出 $a \sim g$ 均为 0，不显示"0"字。

74LS248 型译码器和数码管的连线图如图 5-12 所示。

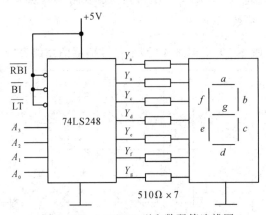

图 5-12　74LS248 型和数码管连线图

4. 实验内容与步骤

（1）掌握 74LS148 型 8 线-3 线优先编码器的功能，并按照如图 5-13 所示电路进行接线，分析电路功能。

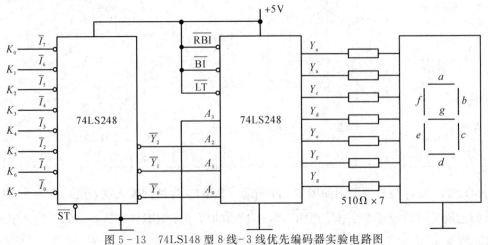

图 5-13　74LS148 型 8 线-3 线优先编码器实验电路图

(2) 74LS139 型译码器为双 2 线-4 线译码器,当选通端 G 为低电平时,可以控制输入端(A、B)的二进制编码在一个对应的输出端以低电平译出。其引脚图如图 5-14 所示,真值表如表 5-10 所示。用 74LS139 双 2 线-4 线译码器设计电路,可实现 74LS138 型 3 线-8 线译码器功能。

图 5-14　74LS139 型译码器管脚图

表 5-10　74LS139 型译码器真值表

输　　入			输　　出			
G	B	A	Y_0	Y_1	Y_2	Y_3
1	×	×	1	1	1	1
0	0	0	0	1	1	1
0	0	1	1	0	1	1
0	1	0	1	1	0	1
0	1	1	1	1	1	0

(3) 用 74LS138 型 3 线-8 线译码器设计全减器电路,并验证其逻辑功能。全减器是两个二进制的数进行减法运算时使用的一种运算单元。全减器有三个输入变量:被减数 A_n、减数 B_n、低位向本位的借位 C_n;有两个输出变量:本位差 D_n、本位向高位的借位 C_{n+1}。全减器真值表如表 5-11 所示。

表 5-11　全减器真值表

输　　入			输　　出	
A_n	B_n	C_n	C_{n+1}	D_n
0	0	0	0	0
0	0	1	1	1
0	1	0	1	1
0	1	1	1	0
1	0	0	0	1
1	0	1	0	0
1	1	0	0	0
1	1	1	1	1

（4）用 74LS138 型 3 线-8 线译码器设计三人表决器，并验证其逻辑功能；写出设计过程和画出实验连线图。

5．预习要求

（1）复习编码器和译码器的类型及编码、译码过程。

（2）通过 Multisim 电路仿真软件设计实验电路图。

（3）根据实验内容的要求，画出实验线路图和记录表格。

6．实验报告要求

（1）写出实验电路的设计过程，并画出设计的电路图。

（2）对所设计的电路进行测试，并记录测试结果。

7．思考题

（1）优先编码的含义是什么？

（2）译码器有哪几种？

（3）共阴极数码管和共阳极数码管有什么区别？

（4）思考如何使用 Multisim 电路仿真软件对全减器电路进行仿真，并画出其仿真电路。

5.3　数据分配器和数据选择器

数据选择器

1．实验目的

（1）熟练掌握数据分配器的逻辑功能及使用方法。

（2）熟练掌握数据选择器的逻辑功能及使用方法。

（2）掌握用数据选择器设计组合逻辑电路的方法。

2．实验仪器与器件

（1）数字电子电路实验箱。

（2）数字式万用表。

（3）数字式示波器。

（4）74LS153、74LS151、74LS00、74LS138 等数字芯片及导线。

3．实验原理

数据分配器和数据选择器都是数字电路中的多路开关。数据分配器是将一路输入数据分配到多路输出，数据选择器则是从多路输入数据中选择一路输出。

　1）数据分配器

数据分配器由译码器改接而成，不能单独生产。例如可以将 74LS138 型 3 线-8 线译码器改接成 8 路数据分配器，如图 5-15 所示。8 路数据分配器将译码器的两个控制端 $\overline{S_2}$ 和 $\overline{S_3}$ 相

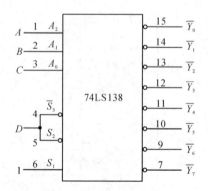

图 5-15　将译码器 74LS138 改接为 8 路数据分配器

连作为分配器的数据输入端 D，使能端 S_1 接高电平，译码器的输入端 A，B，C 作为分配器的地址输入端，根据它们的 8 种组合将数据 D 分配给 8 个输出端 $\overline{Y_0} \sim \overline{Y_7}$。例如，当 $ABC=$ 001 时，输入数据 D 分配到 $\overline{Y_1}$ 端；当 $ABC=111$ 时，输入数据 D 分配到 $\overline{Y_7}$ 端。如果 D 端输入的是时钟脉冲，可将该时钟脉冲分配到 $\overline{Y_0} \sim \overline{Y_7}$ 的某一输出端，从而构成时钟脉冲分配器。

2) 数据选择器

数据选择器是一种多路输入、单路输出的逻辑器件，可以从多个输入数据中选择一个作为输出。其输出为哪一路输入，取决于控制输入端的状态。常用的数据选择器有 74LS153 型双四选一数据选择器和 74LS151 型八选一数据选择器。对于 74LS153 型双四选一数据选择器，其引脚图如图 5-16 所示，逻辑功能如表 5-12 所示。

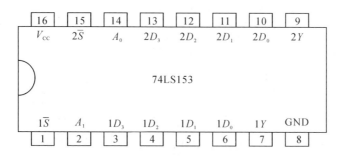

图 5-16　74LS153 型双四选一数据选择器引脚图

表 5-12　74LS153 型双四选一数据选择器逻辑功能表

控制输入		数据输入				输出控制	输出
A_1	A_0	D_0	D_1	D_2	D_3	$\overline{S}$	Y
×	×	×	×	×	×	1	0
0	0	D_0	×	×	×	0	D_0
0	1	×	D_1	×	×	0	D_1
1	0	×	×	D_2	×	0	D_2
1	1	×	×	×	D_3	0	D_3

表 5-12 中，×表示任意状态，1 为高电平，0 为低电平。对于 74LS153 型双四选一数据选择器，其 4 路数据输入为 $D_0 \sim D_3$，输出为 Y，选择控制信号为 A_1、A_0。74LS153 型双四选一数据选择器在 A_1、A_0 的控制下，输出 Y 可以等于输入数据 $D_0 \sim D_3$ 中的某一路数据。控制输入端 A_1、A_0 实现了对数据的选择，故常将其称为数据选择器的地址输入端。输出控制端 $\overline{S}$ 称为选通信号端，当 $\overline{S}=0$ 时，该数据选择器才能工作，输出有效数据，它也可以作为扩展端使用，实现片间连接。74LS153 型双四选一数据选择器的输出函数表达式(未考虑 $\overline{S}$ 信号)为

$$Y = D_0 \,\overline{A_1}\,\overline{A_0} + D_1 \,\overline{A_1}A_0 + D_2 A_1\,\overline{A_0} + D_3 A_1 A_0 = \sum_{i=0}^{3} D_i m_i \qquad (5-3)$$

式中，D_i是输入数据，m_i是两位控制输入A_1、A_0的4个最小项。

74LS151型八选一数据选择器引脚图如图5-17所示，逻辑功能如表5-13所示。74LS151型八选一数据选择器输出函数表达式为

$$Y = D_0 \overline{A_2}\,\overline{A_1}\,\overline{A_0} + D_1 \overline{A_2}\,\overline{A_1}A_0 + D_2 \overline{A_2}A_1\overline{A_0} + D_3 \overline{A_2}A_1 A_0 + D_4 A_2 \overline{A_1}\,\overline{A_0} +$$

$$D_5 A_2 \overline{A_1}A_0 + D_6 A_2 A_1 \overline{A_0} + D_7 A_2 A_1 A_0$$

$$= \sum_{i=0}^{7} D_i m_i \tag{5-4}$$

式中，D_i是8个输入数据，m_i是三位控制输入A_2、A_1、A_0的8个最小项。

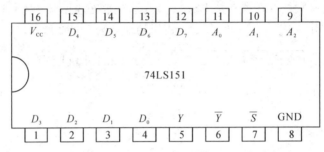

图5-17 74LS151型双四选一数据选择器引脚图

表5-13 74LS151型八选一数据选择器逻辑功能表

控制输入			数据输入								输出控制	输出
A_2	A_1	A_0	D_0	D_1	D_2	D_3	D_4	D_5	D_6	D_7	$\overline{S}$	Y
×	×	×	×	×	×	×	×	×	×	×	1	0
0	0	0	D_0	×	×	×	×	×	×	×	0	D_0
0	0	1	×	D_1	×	×	×	×	×	×	0	D_1
0	1	0	×	×	D_2	×	×	×	×	×	0	D_2
0	1	1	×	×	×	D_3	×	×	×	×	0	D_3
1	0	0	×	×	×	×	D_4	×	×	×	0	D_4
1	0	1	×	×	×	×	×	D_5	×	×	0	D_5
1	1	0	×	×	×	×	×	×	D_6	×	0	D_6
1	1	1	×	×	×	×	×	×	×	D_7	0	D_7

数据选择器是一种通用性较强的中规模集成电路，除了在数据通路的设计中用作多路开关外，还可以用来实现各种逻辑电路。对于74LS153型双四选一数据选择器，若将A_1、A_0作为两个输入变量，同时使$D_0 \sim D_3$为第三个输入变量的适当状态(包括原变量、反变量、0和1)，就可以在数据选择器的输出端产生任何形式的三变量组合逻辑函数。同理，用具有n位地址输入的数据选择器，可以产生任何形式输入变量数不大于$n+1$的组合逻辑函数。

(1)用74LS153型双四选一数据选择器设计全减器。

根据表 $5-12$，74LS153 型双四选一数据选择器逻辑功能表（也为全减器的真值表）将本位差 D_n 和本位向高位的借位 C_{n+1} 用逻辑函数表达式表示为

$$D_n = \overline{A}_n \overline{B}_n C_n + \overline{A}_n B_n \overline{C}_n + A_n \overline{B}_n \overline{C}_n + A_n B_n C_n \tag{5-5}$$

$$C_{n+1} = \overline{A}_n \overline{B}_n C_n + \overline{A}_n B_n \overline{C}_n + \overline{A}_n B_n C_n + A_n B_n C_n \tag{5-6}$$

用 74LS153 型双四选一数据选择器设计全减器时，需将控制输入 A_1 和 A_0 作为函数的输入变量 A_n 和 B_n，即 $A_1 = A_n$，$A_0 = B_n$，C_n 根据推导结果接到数据输入端 $D_0 \sim D_3$，作为数据输入信号，输出控制端 $\overline{S} = 0$，此时数据选择器的输出就成为了三变量的逻辑函数。对照全减器的真值表，只要满足数据选择器的数据输入为

$$1D_0 = 1D_3 = C_n，1D_1 = 1D_2 = \overline{C}_n$$

则 74LS153 型数据选择器的输出 $1Y$ 就是所需要的本位差 D_n；满足数据选择器的数据输入为

$$2D_0 = 2D_3 = C_n，2D_1 = 1，2D_2 = 0$$

则 74LS153 型数据选择器的输出 $2Y$ 就是所需要的本位向高位的借位 C_{n+1}。因此，用 74LS153 型双四选一数据选择器实现的全减器的电路图如图 $5-18$ 所示。

（2）用 74LS151 型八选一数据选择器实现三人表决器功能。

将三人表决器用最小项表示为

$$Y = AB + BC + AC = \overline{A}BC + A\overline{B}C + AB\overline{C} + ABC \tag{5-7}$$

将输入变量 A、B、C 分别对应地接到数据选择器的地址输入端（A_2，A_1 和 A_0）。将 D_3、D_5、D_6、D_7 端接 1，其余输入端接 0，即可实现输出 Y 就具有三人表决器功能，如图 $5-19$ 所示。

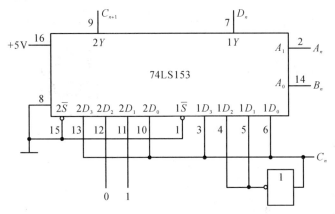

图 $5-18$ 用 74LS153 实现的全减器的电路图

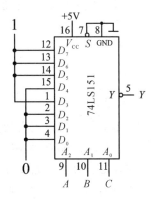

图 $5-19$ 用 74LS151 型八选一数据选择器实现三人表决器电路图

4. 实验内容

（1）用 74LS151 型八选一数据选择器实现四变量多数表决器，并验证其功能。

（2）用 74LS153 型双四选一数据选择器设计全减器，并验证其逻辑功能。

（3）用 74LS151 型八选一数据选择器和 74LS138 型 3 线-8 线译码器设计 3 位二进制数等值比较器。要求：

① 参照图 5-20 写出设计思路及设计过程。

② 设计验证方法。

③ 记录并分析验证结果。

5. 预习要求

(1) 复习数据选择器和译码器的工作原理及逻辑功能。

(2) 熟悉用数据选择器和译码器设计组合逻辑电路的方法。

(3) 写出实验内容中各功能电路的设计过程，并画出电路原理图及其相应的电路接线图。

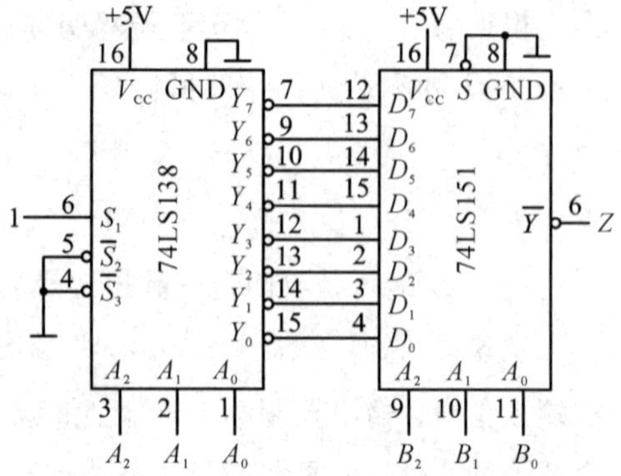

图 5-20　等值比较器电路连线图

(4) 通过 Multisim 电路仿真软件验证电路连续图是否正确。

6. 实验报告要求

(1) 给出实验内容中各电路的设计过程及实现电路图，并以列表的方式记录其相应的逻辑功能。

(2) 对实验结果及相关的数据进行分析。

7. 思考题

(1) 用数据选择器设计组合逻辑电路，一般适用于哪些情况？数据选择器输送数据的特点是什么？

(2) 思考如何使用 Multisim 电路仿真软件对等值比较器电路进行仿真，并画出其仿真电路。

(3) 用中规模集成电路设计组合逻辑电路的步骤是什么？

5.4　触发器认识及应用

触发器

1. 实验目的

(1) 掌握触发器的逻辑功能及特性。

(2) 掌握集成触发器的使用方法。

(3) 掌握触发器之间相互转换的方法。

(4) 学习简单时序逻辑电路的分析和检验方法。

2. 实验仪器与器件

(1) 数字电子电路实验箱。

(2) 函数信号发生器。

(3) 数字式万用表。

(4) 数字式示波器。

(5) 74LS112、74LS74、74LS02 等数字芯片及导线。

3. 实验原理

触发器按照其稳定工作状态可分为双稳态触发器、单稳态触发器、无稳态触发器(多谐振荡器)等。其中双稳态触发器按其逻辑功能可分为 RS 触发器、JK 触发器、D 触发器和 T 触发器等;按其结构可分为主从型触发器和维持阻塞型触发器。

1) 基本 RS 触发器

基本 RS 触发器由两个与非门 G_1 和 G_2 交叉连接而成,如图 5-21 所示。Q 和 $\overline{Q}$ 是输出端,两者的逻辑状态相反。当 $Q=0$,$\overline{Q}=1$ 时,称为复位状态(0 态);当 $Q=1$,$\overline{Q}=0$ 时,称为置位状态(1 态)。相应的输入端分别称为直接复位端($\overline{R}_D$)和直接置位端($\overline{S}_D$)。Q 的状态规定为触发器的状态。$\overline{R}_D$ 和 $\overline{S}_D$ 端通常连接高电平,处于 1 态;当加入负脉冲后,可以由 1 态变为 0 态。

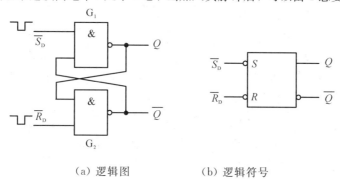

(a) 逻辑图　　　　(b) 逻辑符号

图 5-21　由与非门组成的基本 RS 触发器(逻辑图和逻辑符号)

由与非门组成的基本 RS 触发器的逻辑状态表如表 5-14 所示。

表 5-14　由与非门组成的基本 RS 触发器的逻辑状态表

$\overline{R}_D$	$\overline{S}_D$	Q_n	Q_{n+1}	功能
0	0	0	×	禁用
		1	×	
0	1	0	0	置 0
		1	0	
1	0	0	1	置 1
		1	1	
1	1	0	0	保持
		1	1	

2) JK 触发器

JK 触发器为主从型触发器,由两个可控 RS 触发器串联组成。这两个可控 RS 触发器分别称为主触发器和从触发器,通过非门连接起来,时钟脉冲先使主触发器翻转,然后使从触发器翻转。J 和 K 是信号输入端,在脉冲信号的作用下控制触发器的逻辑功能。主从 JK 触发器的逻辑状态表如表 5-15 所示。

表 5-15 主从 JK 触发器的逻辑状态表

J	K	Q_n	Q_{n+1}	功能
0	0	0 1	$\left.\begin{matrix}0\\1\end{matrix}\right\}Q_n$	保持
0	1	0 1	$\left.\begin{matrix}0\\0\end{matrix}\right\}0$	置 0
1	0	0 1	$\left.\begin{matrix}1\\1\end{matrix}\right\}1$	置 1
1	1	0 1	$\left.\begin{matrix}1\\0\end{matrix}\right\}\overline{Q_n}$	计数

JK 触发器具有保持、置 0、置 1 和计数的功能，通过其逻辑状态表可得其逻辑表达式为

$$Q_{n+1}=J\,\overline{Q}_n+\overline{K}Q_n \tag{5-8}$$

主从 JK 触发器具有在 CP 从 1 下跳为 0 时翻转的特点，也就是具有在时钟脉冲下降沿触发的特点。JK 触发器的时序图如图 5-22 所示。

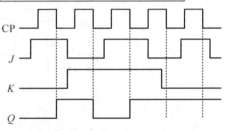

图 5-22 主从 JK 触发器时序图

3）D 触发器

D 触发器通常为边沿触发器，边沿触发器的次态仅取决于 CP 边沿（上升沿或下降沿）到达时刻输入信号的状态，而与此边沿时刻以前或以后的输入状态无关，因而它具有高的可靠性和抗干扰能力。D 触发器具有在时钟脉冲上升沿触发的特点，其逻辑功能为：输出端 Q 的状态随着输入端 D 的状态变化而变化，但总比输入端状态的变化晚一步，即时钟脉冲上升沿来到之后 Q 的状态和该脉冲到来之前 D 的状态一样。D 触发器的逻辑表达式为

$$Q_{n+1}=D \tag{5-9}$$

D 触发器逻辑状态表如表 5-16 所示。

D 触发器具有在 CP 从 0 上跳为 1 时翻转的特点，其时序图如图 5-23 所示。

表 5-16 D 触发器逻辑状态表

D	Q_n	Q_{n+1}	功能
0	0 1	$\left.\begin{matrix}0\\0\end{matrix}\right\}0$	置 0
1	0 1	$\left.\begin{matrix}1\\1\end{matrix}\right\}1$	置 1

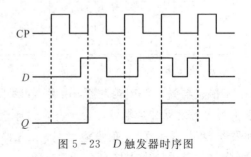

图 5-23 D 触发器时序图

4）T 触发器

T 触发器是在 CP 时钟脉冲控制下，根据控制输入信号 T 取值的不同，具有保持和计数功能的触发器，即当 $T=0$ 时能保持状态不变，当 $T=1$ 时触发翻转。$T=1$ 时 T 触发器又称为 T' 触发器。T 触发器逻辑状态表如表 5-17 所示，时序图如图 5-24 所示。

表 5-17　T 触发器的逻辑状态表

T	Q_n	Q_{n+1}	功能
0	0	$\left.\begin{array}{c}0\\1\end{array}\right\} Q_n$	保持
	1		
1	0	$\left.\begin{array}{c}1\\0\end{array}\right\} \overline{Q_n}$	计数
	1		

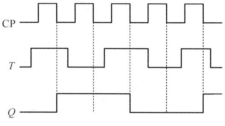

图 5-24　T 触发器时序图

T 触发器具有保持和计数的功能，通过其逻辑状态表可得逻辑表达式为

$$Q_{n+1} = T\overline{Q}_n + \overline{T}Q_n \tag{5-10}$$

5）T 触发器逻辑功能的转换

根据实际需要，可以将某种逻辑功能的触发器经过改接或附加一些门电路后，转换为另一种触发器，从而实现触发器之间的相互转换。

(1) 将 JK 触发器转换为 D 触发器。

JK 触发器转换为 D 触发器逻辑图和逻辑符号如图 5-25 所示。当 $D=1$，即 $J=1$ 和 $K=0$ 时，在 CP 的下降沿触发器翻转为(或保持)1 态；当 $D=0$，即 $J=0$ 和 $K=1$ 时，在 CP 的下降沿触发器翻转为(或保持)0 态。

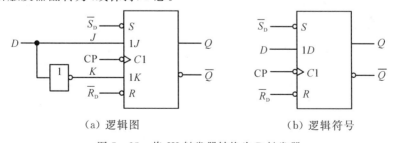

（a）逻辑图　　　　　　　（b）逻辑符号

图 5-25　将 JK 触发器转换为 D 触发器

(2) 将 JK 触发器转换为 T 触发器和 T' 触发器。

将 JK 触发器的 J 和 K 端连在一起，作为 T 端，就可以将 JK 触发器转换为 T 触发器。当 $T=0$ 时，在时钟脉冲信号作用下触发器状态保持不变；当 $T=1$ 时，触发器具有计数逻辑功能，即 $Q_{n+1}=\overline{Q}_n$。将 JK 触发器转换为 T 触发器和 T' 触发器逻辑图如图 5 - 26 所示。

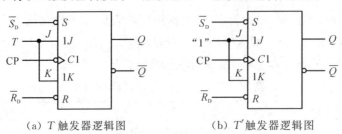

（a）T 触发器逻辑图   （b）T' 触发器逻辑图

图 5 - 26　将 JK 触发器转换为 T 触发器和 T′ 触发器逻辑图

（3）将 D 触发器转换为 T 触发器和 T' 触发器

如果要将 D 触发器转换为 T 触发器，根据 D 触发器和 T 触发器的逻辑表达式，需要满足

$$Q_{n+1} = D = T\overline{Q}_n + \overline{T}Q_n = T \oplus Q_n \qquad (5-11)$$

所以 D 触发器转换为 T 触发器逻辑图如图 5 - 27 所示。

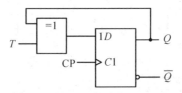

图 5 - 27　D 触发器转换为 T 触发器

如果将 D 触发器的 D 端和 $\overline{Q}$ 端相连，如图 5 - 28 所示，则就转换为了 T' 触发器。其逻辑功能为每来一个时钟脉冲，翻转一次，即 $Q_{n+1}=\overline{Q}_n$，具有计数功能。

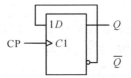

图 5 - 28　D 触发器转换为 T′ 触发器

4. 实验内容与步骤

（1）将 JK 触发器转换为 D 触发器并验证其逻辑功能，用 JK 触发器 74LS112 实现。74LS112 引脚图如图 5 - 29 所示。

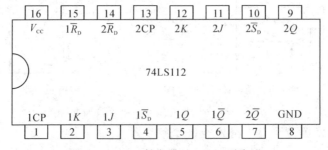

图 5 - 29　JK 触发器 74LS112 引脚图

（2）将 D 触发器转换为 T 触发器并验证其逻辑功能，用 D 触发器 74LS74 实现。

74LS74 引脚图如图 5 - 30 所示。

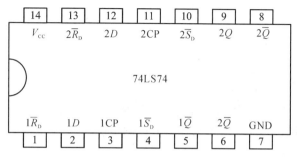

图 5 - 30 D 触发器 74LS74 引脚图

（3）用 D 触发器 74LS74 和或非门芯片 74LS02 设计一个 2/3 分频电路，按图 5 - 31 所示接线并验证设计电路是否正确，然后记录并分析实验结果。

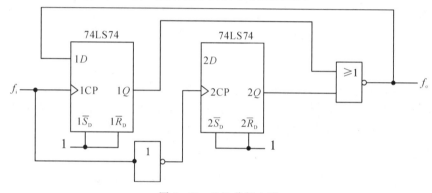

图 5 - 31 2/3 分频电路

5. 预习要求

（1）查找资料，掌握各类触发器的逻辑功能及引脚功能；画出触发器的引脚图及真值表。

（2）掌握边沿触发和电平触发的特点。

（3）熟悉触发器逻辑功能相互转换的方法。

（4）根据实验要求画出实验电路及其相应的实验电路接线图。

6. 实验报告要求

（1）写出实验内容中各电路的设计思路和过程，并以列表或时序图的方式记录其相应的逻辑功能。

（2）记录实验结果及数据，并对实验数据进行分析。

7. 思考题

（1）JK 触发器和 D 触发器都是边沿触发器，它们触发的特性有何不同？

（2）D 触发器 CD4013 和 D 触发器 74LS74 在逻辑功能与电路结构上有何特点？

（3）思考如何使用 Multisim 电路仿真软件对 2/3 分频电路进行仿真，并画出其仿真电路。

5.5 移位寄存器

1. 实验目的

(1) 掌握移位寄存器的工作原理。

(2) 熟悉 74LS194 双向移位寄存器的逻辑功能。

(3) 熟悉二进制码的串行、并行转换及其数据传送方式。

2. 实验设备与器件

(1) 数字电子电路实验箱。

(2) 数字式万用表。

(3) 数字式示波器。

(4) 74LS20、74LS74、74LS194 等数字芯片及导线。

3. 实验原理

移位寄存器不仅能够存放数码而且具有移位功能。所谓移位,就是每当来一个移位正脉冲(时钟脉冲),触发器的状态便向右或向左移 1 位,也就是寄存的数码可以在移位脉冲的作用下依次进行移位。移位寄存器在计算机控制系统中应用广泛。

1) 双向移位寄存器

74LS194 型 4 位双向移位寄存器具有清零、并行输入、串行输入、数据右移和左移等功能,其引脚图和逻辑符号如图 5-32 所示,功能表如表 5-18 所示。其中,$D_0 \sim D_3$ 为并行数据输入端;$Q_0 \sim Q_3$ 为并行数据输出端;$\overline{R}_D$ 为异步清零输入端,低电平有效,当 $\overline{R}_D = 0$ 时移位寄存器被清零;S_0、S_1 为工作模式控制端,$S_0 = S_1 = 1$ 时数据并行输入,$S_0 = 1$,$S_1 = 0$ 时右移数据输入,$S_0 = 0$,$S_1 = 1$ 时左移数据输入,$S_0 = S_1 = 0$ 时移位寄存器处于保持状态;D_{SL}、D_{SR} 分别为左移或右移的串行数据输入端;CP 为时钟脉冲输入端,上升沿有效。

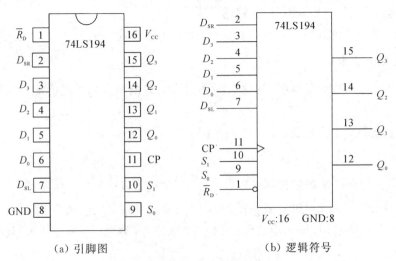

(a) 引脚图   (b) 逻辑符号

图 5-32 74LS194 型 4 位双向移位寄存器引脚图和逻辑符号

表 5 - 18　74LS194 型 4 位双向移位寄存器功能表

输　　入										输　　出			
$\overline{R_D}$	CP	S_1	S_0	D_{SL}	D_{SR}	D_3	D_2	D_1	D_0	Q_3	Q_2	Q_1	Q_0
0	×	×	×	×	×		×			0	0	0	0
1	0	×	×	×	×		×			Q_{3n}	Q_{2n}	Q_{1n}	Q_{0n}
1	↑	1	1	×	×	d_3	d_2	d_1	d_0	d_3	d_2	d_1	d_0
1	↑	0	1	×	d		×			d	Q_{3n}	Q_{2n}	Q_{1n}
1	↑	1	0	d	×		×			Q_{2n}	Q_{1n}	Q_{0n}	d
1	×	0	0	×	×		×			Q_{3n}	Q_{2n}	Q_{1n}	Q_{0n}

2）4 位右移环形计数器的设计

4 位右移环形计数器有效循环如下：

$$1110 \longrightarrow 0111 \longrightarrow 1011 \longrightarrow 1101$$

4 种状态均可通过 74LS194 的右移工作方式实现。只要满足当 0000 时右移为"1"，而 1111 时右移为"0"即可，因此得到

$$D_{SR} = \overline{Q_0 Q_1 Q_2}$$

以上 4 位右移环形计数器电路如图 5 - 33 所示。

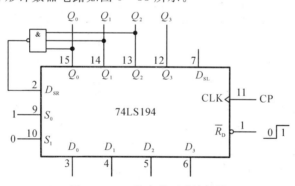

图 5 - 33　4 位右移环形计数器

3）5 位顺序脉冲发生器的设计

5 位顺序脉冲发生器设计要求既能自启动又能将初始状态设置为 0001。由 74LS194 和 D 触发器 74LS74 组成的 5 位顺序脉冲发生器电路如图 5 - 34 所示。工作过程中，移位寄存器的异步清零端 $\overline{R_D}$ 与 D 触发器的异步置位端 $\overline{S_D}$ 同时动作，移位寄存器的输出全部置 0，D 触发器的输出端置 1，这时移位寄存器处于并行送数的工作状态。第一个脉冲信号 CP 作用后，输入端的数据置入移位寄存器和 D 触发器的输出端，即 $Q_4 Q_3 Q_2 Q_1 Q_0 = 00001$。此时 $Q_4 = 0$，即 $S_1 S_0 = 01$，移位寄存器 74LS194 处于右移工作模式。在第二个脉冲信号 CP 到达后，右移一位，移位寄存器的状态变为 01000。每来一个时钟，数码右移一位，从而实现了设计要求。

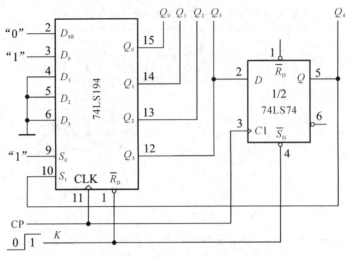

图 5-34 5 位顺序脉冲发生器电路

4）多位双向移位寄存器的设计

如图 5-35 所示是由两片 74LS194 组成 8 位双向移位寄存器电路。只需要将 74LS194(1) 的 Q_3 接至 74LS194(2) 的 D_{SR} 端，而将 74LS194(2) 的 Q_0 接到 74LS194(1) 的 D_{SL} 端，同时把两片移位寄存器的 S_1、S_0、CP、$\overline{R_D}$ 分别并联，既可实现向左移位，也可向右移位。

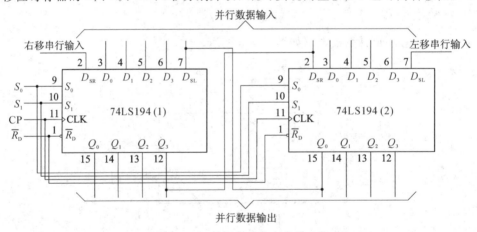

图 5-35 8 位双向移位寄存器电路

4. 实验内容与步骤

（1）4 位环形计数器功能测试。设环形计数器的初始状态为 1110，在 CP 单脉冲（或 1 Hz 连续脉冲信号）的作用下，观察输出端 Q_3、Q_2、Q_1、Q_0 的状态，并记录测试结果，画出状态转换图。

（2）5 位顺序脉冲发生器功能测试。测试 5 位顺序脉冲发生器逻辑功能，记录电路的全部状态，观测并画出输入与输出波形。

（3）8 位双向移位寄存器功能测试。测试 8 位双向移位寄存器逻辑功能，记录电路的全部状态，观测并画出输入与输出波形。

5. 预习要求

（1）复习 74LS194 移位寄存器的逻辑功能及特性，掌握其引脚排列图。

（2）熟悉实验内容，设计实验电路和数据表格。

（3）根据设计任务的要求，画出实验电路连线图。

6. 实验报告要求

（1）写出设计任务、设计过程，画出逻辑电路图，并注明所用芯片引脚号。

（2）在所设计的测试表格上填写测试内容。

（3）整理实验数据，并对实验结果进行分析，给出实验结论。

7. 思考题

（1）使双向移位寄存器 74LS194 清零可以有几种方法？如何实现？

（2）双向移位寄存器 74LS194 并行输入数据时，工作模式控制端置于什么状态？

（3）双向移位寄存器 74LS194 在什么状态下具有保持功能？

（4）思考如何使用 Multisim 电路仿真软件对 5 位顺序脉冲发生器电路和 8 位双向移位寄存器电路进行仿真，并画出它们的仿真电路。

5.6　计　数　器

计数器

1. 实验目的

（1）掌握常用计数器的工作原理、逻辑功能和使用方法。

（2）掌握二进制计数器和十进制计数器的工作原理和使用方法。

（3）掌握计数、译码、显示电路综合应用的方法。

2. 实验仪器与器件

（1）数字电子电路实验箱。

（2）函数信号发生器。

（3）数字式万用表。

（4）数字式示波器。

（5）74LS161、74LS138、74LS00、74LS04 等数字芯片及导线。

3. 实验原理

计数器是在数字系统中应用最广泛的时序电路。计数器不仅能用于对时钟脉冲计数，而且还用于定时、分频、产生节拍脉冲和脉冲序列以及进行数字运算等。

计数器的种类很多，按构成计数器中各触发器是否同时翻转来分，可分为同步计数器和异步计数器。在同步计数器中，当时钟脉冲输入时触发器的翻转是同时发生的；而在异步计数器中，触发器的翻转有先有后，不是同时发生的。根据计数进制的不同，计数器可分为二进制计数器、十进制计数器和任意进制计数器。根据计数过程中计数器的数字增减分类，计数器可分为加法计数器、减法计数器和可逆计数器。加法计数器是随着计数脉冲的不断输入而进行递增计数，减法计数器是随着计数脉冲的增加而进行递减计数的，可逆计数器是随着计数脉冲的增加可递增也可递减的。

同步二进制计数器由于计数脉冲同时加到各位触发器的 CP 端，因此它们的状态变换和计数脉冲同步。同步计数器的计数速度较异步计数器快。74LS161 型 4 位同步二进制计数器的引脚图和逻辑符号如图 5 - 36 所示。

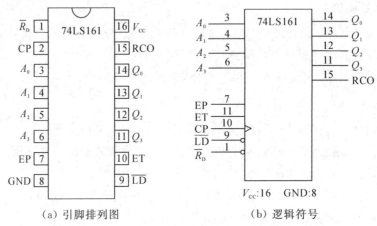

(a) 引脚排列图　　　　　　　　　　(b) 逻辑符号

图 5 - 36　74LS161 型 4 位同步二进制计数器引脚图和逻辑符号

各引脚的功能如下：

(1) 1 脚为清零端 $\overline{R_D}$，低电平有效。

(2) 2 脚为时钟脉冲输入端 CP，上升沿有效（CP↑）。

(3) 3～6 脚为数据输入端 $A_0 \sim A_3$，是预置数，可预置任何一个 4 位二进制数。

(4) 7 脚和 10 脚分别为计数控制端 EP、ET，当两者或其中之一为低电平时，计数器保持原态，当两者均为高电平时，计数。

(5) 9 脚为同步并行置数控制端 $\overline{LD}$，低电平有效。

(6) 11～14 脚为数据输出端 $Q_3 \sim Q_0$。

(7) 15 脚为进位输出端 RCO，高电平有效。

74LS161 型 4 位同步二进制计数器的功能表如表 5 - 19 所示。

表 5 - 19　74LS161 型 4 位同步二进制计数器的功能表

输　　　　　入									输　　　出			
$\overline{R_D}$	CP	$\overline{LD}$	EP	ET	A_3	A_2	A_1	A_0	Q_3	Q_2	Q_1	Q_0
0	×	×	×	×	×				0	0	0	0
1	↑	0	×	×	d_3	d_2	d_1	d_0	d_3	d_2	d_1	d_0
1	↑	1	1	1	×				计数			
1	×	1	0	×	×				保持			
1	×	1	×	0	×				保持			

1) 八进制计数器的设计

利用同步二进制计数器 74LS161 设计的八进制计数器电路如图 5 - 37 所示。其中，图

5-37(a)采用复位法来实现，当计数器计到 $Q_3Q_2Q_1Q_0=1000$ 时，即 $Q_3=1$ 时，通过非门使 $\overline{R_D}=0$，计数器复位清零，实现八进制计数器功能；图 5-37(b)采用置数法来实现。当计数器计到 $Q_3Q_2Q_1Q_0=0111$ 时，通过与非门使 $\overline{LD}=0$，计数器置数清零，实现八进制计数器功能。

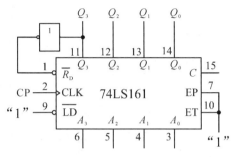
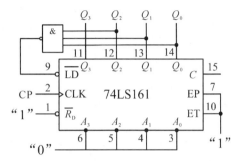

(a) 复位法实现八进制计数器 (b) 置数法实现八进制计数器

图 5-37 八进制计数器

2) 可控计数器的设计

利用同步二进制计数器 74LS161 设计可控计数器，采用同步置数法进行设计。当控制开关 $K=1$ 时(K 通过反相器连接 A_2 数据输入端)，实现八进制计数；当控制开关 $K=0$ 时，实现四进制计数。可控计数器状态转移图如图 5-38 所示，电路连线图如图 5-39 所示。

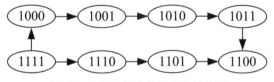
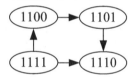

(a) $K=1$ 八进制计数器状态转移图 (b) $K=0$ 四进制计数器状态转移图

图 5-38 可控计数器状态转移图

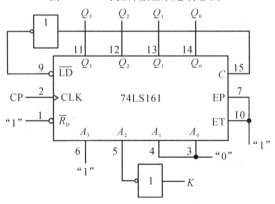

图 5-39 可控计数器电路连线图

3) 流水灯控制器的设计

利用同步二进制计数器 74LS161 设计流水灯控制器，可通过红、绿、黄 3 种颜色的灯在秒脉冲作用下顺序循环点亮来实现。红灯、绿灯、黄灯点亮的时间分别为 5 s、2 s、9 s，循环一次所用的时间为 16 s。流水灯控制电路真值表如表 5-20 所示。

表 5 - 20　流水灯控制电路真值表

Q_3	Q_2	Q_1	Q_0	红灯 Y_3	绿灯 Y_2	黄灯 Y_1
0	0	0	0	1	0	0
0	0	0	1	1	0	0
0	0	1	0	1	0	0
0	0	1	1	1	0	0
0	1	0	0	1	0	0
0	1	0	1	0	1	0
0	1	1	0	0	1	0
0	1	1	1	0	0	1
1	0	0	0	0	0	1
1	0	0	1	0	0	1
1	0	1	0	0	0	1
1	0	1	1	0	0	1
1	1	0	0	0	0	1
1	1	0	1	0	0	1
1	1	1	0	0	0	0
1	1	1	1	0	0	1

由流水灯控制电路真值表可得

$$Y_3 = \overline{Q_3}\,\overline{Q_2}\,\overline{Q_1}\,\overline{Q_0} + \overline{Q_3}\,\overline{Q_2}\,\overline{Q_1}Q_0 + \overline{Q_3}\,\overline{Q_2}Q_1\overline{Q_0} + \overline{Q_3}\,\overline{Q_2}Q_1Q_0 + \overline{Q_3}Q_2\overline{Q_1}\,\overline{Q_0}$$
$$= \overline{Q_3}\,\overline{Q_1}\,\overline{Q_0} + \overline{Q_3}\,\overline{Q_2}$$

$$Y_2 = \overline{Q_3}Q_2\overline{Q_1}Q_0 + \overline{Q_3}Q_2Q_1\overline{Q_0}$$
$$= \overline{Q_3}Q_2(\overline{Q_1}Q_0 + Q_1\overline{Q_0})$$
$$= \overline{Q_3}Q_2(Q_1 \oplus Q_0)$$

$$Y_1 = \overline{Q_3}Q_2Q_1Q_0 + Q_3\overline{Q_2}\,\overline{Q_1}\,\overline{Q_0} + Q_3\overline{Q_2}\,\overline{Q_1}Q_0 + Q_3\overline{Q_2}Q_1\overline{Q_0} + Q_3\overline{Q_2}Q_1Q_0 + Q_3Q_2\overline{Q_1}\,\overline{Q_0}$$
$$\quad + Q_3Q_2\overline{Q_1}Q_0 + Q_3Q_2Q_1\overline{Q_0} + Q_3Q_2Q_1Q_0$$
$$= Q_3 + Q_2Q_1Q_0$$

4) 七节拍顺序脉冲发生器的设计

实现七节拍顺序脉冲发生器的方法有很多种，可以由同步二进制计数器 74LS161 和 3 线-8 线译码器 74LS138 来实现七节拍顺序脉冲发生器，以产生多通道控制时序脉冲，其电路图如图 5 - 40 所示。七节拍顺序脉冲发生器将 74LS161 设计为七进制计数器，通过 74LS138 译出 7 种状态，输出端低电平有效，输出端 $Y_0 \sim Y_6$ 输出顺序脉冲。

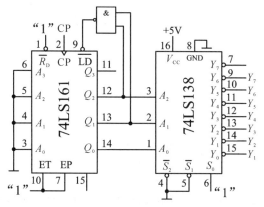

图 5-40 七节拍顺序脉冲发生器电路图

4．实验内容与步骤

（1）测试八进制计数器的逻辑功能，通过复位法和置数法两种方法来实现，画出设计电路，并验证设计电路是否正确。

（2）可控计数器的功能测试，画出设计电路，并验证设计电路是否正确。

（3）流水灯控制器的功能测试，画出设计电路，并验证设计电路是否正确。

（4）七节拍顺序脉冲发生器的功能测试，画出设计电路，并验证设计电路是否正确。

5．预习要求

（1）复习同步二进制计数器 74LS161 的逻辑功能及引脚功能。

（2）复习 3 线-8 线译码器 74LS138 的逻辑功能及引脚功能。

（3）根据实验要求画出实验电路及其相应的实验电路接线图。

6．实验报告要求

（1）写出实验内容中各电路的设计思路和过程，并以列表或时序图的方式记录其相应的逻辑功能。

（2）画出实验记录的波形图。

（3）记录实验结果及数据，并对实验数据进行分析。

7．思考题

（1）同步二进制计数器 74LS161 的 $\overline{R_D}$ 端和 $\overline{LD}$ 端作用是什么？正常工作时处于什么状态？

（2）如何利用同步二进制计数器 74LS161 设计任意进制计数器？

（3）思考如何使用 Multisim 电路仿真软件对流水灯控制器电路和七节拍顺序脉冲发生器电路进行仿真，并画出它们的仿真电路。

5.7 555 定时器及其应用

1．实验目的

（1）掌握 555 定时器的电路结构、工作原理及特点。

555 定时器

（2）掌握 555 定时器典型应用电路的构成和工作原理。

2. 实验仪器与器件

（1）数字电子电路实验箱。

（2）函数信号发生器。

（3）数字式万用表。

（4）数字式示波器。

（5）NE555 定时器芯片、电阻、电容、二极管及导线。

3. 实验原理

555 定时器是一种数字电路与模拟电路相结合的中规模集成电路，外加电阻、电容、二极管等元器件可以构成多谐振荡器、单稳态电路、施密特触发器等，应用十分广泛。由于其内部电压标准使用了 3 个 5 kΩ 电阻，故取名 555 定时器。555 定时器电路类型有 TTL 型和 CMOS 型两大类，二者的结构与工作原理类似。通常 TTL 型产品型号最后三位数码都是 555 或 556，CMOS 型产品型号最后四位数码都是 7555 或 7556，二者的逻辑功能和引脚排列相同，易于互换。其中，555 和 7555 是单定时器，556 和 7556 是双定时器。TTL 型的 555 定时器电源电压 V_{CC} 为 +5～+15 V，输出最大电流可达 200 mA。CMOS 型的 555 定时器电源电压 V_{DD} 为 +3～+18 V，当 V_{DD} = +5 V 时，电路输出与 TTL 电路兼容。

555 定时器内部含有两个电压比较器 C_1 和 C_2，一个基本 RS 触发器，一个放电三极管 V。比较器的参考电压由三个 5 kΩ 的电阻构成的分压器提供，如图 5-41 所示。分压器使高电平电压比较器 C_1 的同相输入端参考电压为 $2V_{CC}/3$，低电平电压比较器 C_2 的反相输入端参考电压为 $V_{CC}/3$。C_1 和 C_2 的输出端控制基本 RS 触发器输出状态以及放电三极管 V 开关状态。当 555 定时器 6 脚输入的高电平信号超过参考电压 $2V_{CC}/3$ 时，触发器复位，555 定时器的输出端 3 脚输出低电平，同时放电三极管 V 导通；555 定时器当 2 脚输入的低电平信号低于参考电压 $V_{CC}/3$ 时，触发器置位，555 定时器的输出端 3 脚输出高电平，放电三极管 V 截止。555 定时器功能表如表 5-21 所示。

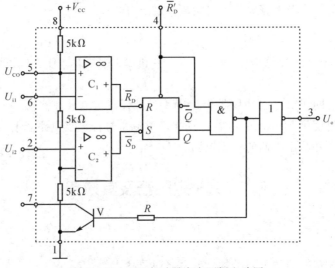

图 5-41 555 定时器内容逻辑电路图

表 5-21　555 定时器功能表

输入			输出	
U_{i1}(6 脚)	U_{i2}(2 脚)	$\overline{R}'_D$(4 脚)	放电管 V	输出 U_o(3 脚)
$\times$	$\times$	0	导通	0
$>\dfrac{2}{3}V_{CC}$	$>\dfrac{1}{3}V_{CC}$	1	导通	0
$<\dfrac{2}{3}V_{CC}$	$>\dfrac{1}{3}V_{CC}$	1	保持	保持
$<\dfrac{2}{3}V_{CC}$	$<\dfrac{1}{3}V_{CC}$	1	截止	1

在图 5-42 中，$\overline{R}'_D$ 为复位端(4 脚)，当 $\overline{R}'_D=0$，555 定时器输出低电平。正常工作时 $\overline{R}'_D$ 接为高电平。U_{CO} 是电压控制端(5 脚)，通常输出 $2V_{CC}/3$ 电压作为比较器 C_1 的参考电平。当 5 脚外接一个输入电压时，可以改变比较器的参考电压，从而实现对输出的另一种控制。当 5 脚不接外加电压时，通常接一个 0.01 μF 的电容器到地，起滤波作用，以消除外部干扰信号，确保参考电压稳定。V 为放电三极管，当 V 导通时，将给连接 7 脚的电容提供低阻放电通路。

1）由 555 定时器组成的单稳态触发器

如图 5-42(a)所示是由 CB555 定时器组成的单稳态触发器电路，其中 R 和 C 是外接元件，负触发脉冲由定时器的 2 脚输入。下面对照图 5-42(b)所示的波形图进行分析。

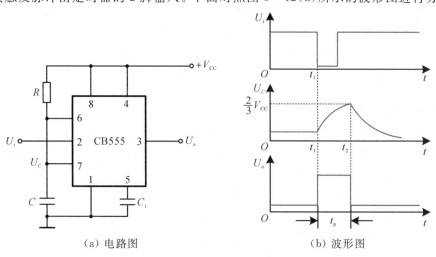

(a) 电路图　　　　　　　　(b) 波形图

图 5-42　单稳态触发器电路图及波形图

(1) 稳定状态($0 \sim t_1$)。

在 t_1 时刻之前，触发脉冲尚未输入，U_i 为高电平电压(1)，其值大于 $V_{CC}/3$，因此比较器 C_2 的输出 $\overline{S}_D$ 为 1。若触发器的原状态 $Q=0$，$\overline{Q}=1$，则晶体管 V 饱和导通，比较器 C_1 的输出 $\overline{R}_D$ 也为 1，触发器的状态保持不变。若原状态 $Q=1$，$\overline{Q}=0$，则三极管 V 截止，V_{CC} 通过电阻 R 对电容 C 充电，当 U_C 上升到大于 $2V_{CC}/3$ 时，比较器 C_1 的输出 $\overline{R}_D$ 为 0，使触发器翻转为 $Q=0$，$\overline{Q}=1$。

可见，在稳定状态时，基本 RS 触发器输出 $Q=0$，即输出电压 U_o 为低电平电压(0)。

（2）暂稳状态($t_1 \sim t_2$)。

在 t_1 时刻，输入触发负脉冲，其幅值低于 $V_{CC}/3$，故比较器 C_2 的输出 $\overline{S}_D$ 为 0，将触发器置 1，U_o 由低电平电压(0)变为高电平电压(1)，电路进入暂稳状态。此时三极管 V 截止，V_{CC} 通过电阻 R 再次对电容 C 充电。当 U_C 上升到大于 $2V_{CC}/3$ 时（在 t_2 时刻），C_1 的输出 $\overline{R}_D$ 为 0，从而使触发器自动翻转到 $Q=0$ 的稳定状态。此后电容 C 迅速放电，使 $U_C<2V_{CC}/3$，而 $U_i>V_{CC}/3$，于是 $\overline{R}_D=\overline{S}_D=1$，触发器保持 0 态不变，$U_o$ 也为低电平电压(0)。

输出的是矩形波脉冲，其宽度(暂稳状态持续时间)为

$$t_p=RC\ln3=1.1RC \qquad (5-12)$$

单稳态触发器常用于脉冲整形和定时控制等方面。

　　2）由 555 定时器组成的多谐振荡器

因为矩形波含有丰富的谐波，所以称为多谐振荡器。多谐振荡器没有稳定状态，也称为无稳态触发器，不需要外加触发脉冲就能输出一定频率的矩形脉冲(自激振荡)。多谐振荡器是一种常用的矩形波发生器。触发器和时序电路中的时钟脉冲通常由多谐振荡器产生。

由 555 定时器组成的多谐振荡器电路图如图 5-43(a)所示，其中 R_1、R_2 和 C 是外接元件。电路接通电源 V_{CC} 后，经过 R_1 和 R_2 对电容 C 充电，U_C 上升。当 $0<U_C<V_{CC}/3$ 时，$\overline{S}_D=0$，$\overline{R}_D=1$，将触发器置 1，U_o 为高电平电压(1)。当 $V_{CC}/3<U_C<2V_{CC}/3$ 时，$\overline{S}_D=1$，$\overline{R}_D=1$，触发器状态保持不变，U_o 仍为高电平电压(1)。当 U_C 上升到大于 $2V_{CC}/3$ 时，比较器 C_1 的输出 $\overline{R}_D$ 为 0，将触发器置 0，U_o 为低电平电压(0)。此时放电三极管 V 导通，电容 C 通过 R_2 和三极管 V 放电，U_C 下降。当 u_C 下降到小于 $V_{CC}/3$ 时，比较器 C_2 的输出 $\overline{S}_D$ 为 0，将触发器置 1，U_o 由低电平电压(0)变为高电平电压(1)。此时放电三极管 V 截止，V_{CC} 再次经过 R_1 和 R_2 对电容 C 进行充电。电容 C 如此重复进行充电和放电过程，U_o 便输出连续的矩形波，如图 5-43(b)所示。

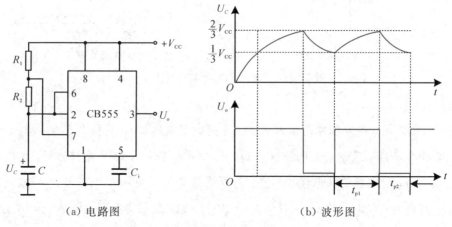

（a）电路图　　　　　　　　　　（b）波形图

图 5-43　多谐振荡器电路图及波形图

由图 5-44 可知，第一个暂稳状态的脉冲宽度为 t_{p1}，即电容 C 充电的时间为

$$t_{p1} \approx (R_1 + R_2)C \ln 2 = 0.7(R_1 + R_2)C$$

第二个暂稳状态的脉冲宽度为 t_{p2}，即电容 C 放电的时间为

$$t_{p2} \approx R_2 C \ln 2 = 0.7 R_2 C$$

多谐振荡器的振荡周期为

$$T = t_{p1} + t_{p2} \approx 0.7(R_1 + 2R_2)C$$

振荡频率为

$$f = \frac{1}{T} = \frac{1.43}{(R_1 + 2R_2)C}$$

由 555 定时器组成的多谐振荡器最高工作频率可达 300 kHz。输出波形的占空率为

$$q = \frac{t_{p1}}{t_{p1} + t_{p2}} = \frac{R_1 + R_2}{R_1 + 2R_2} \times 100\%$$

占空率可调的多谐振荡器电路图如图 5-44 所示，图中用 VD_1 和 VD_2 两个二极管将电容 C 的充电电路和放电电路分开，并连接了一个电位器 R_P。

充电电路为

$$V_{CC} \rightarrow R_1' \rightarrow VD_1 \rightarrow C \rightarrow \text{"地"}$$

放电电路为

$$C \rightarrow VD_2 \rightarrow R_2' \rightarrow V \rightarrow \text{"地"}$$

充电和放电的时间分别为

$$t_{p1} \approx 0.7 R_1' C, \quad t_{p2} \approx 0.7 R_2' C$$

占空率为

$$q = \frac{t_{p1}}{t_{p1} + t_{p1}} = \frac{R_1' + R_2'}{R_1' + 2R_2'} \times 100\%$$

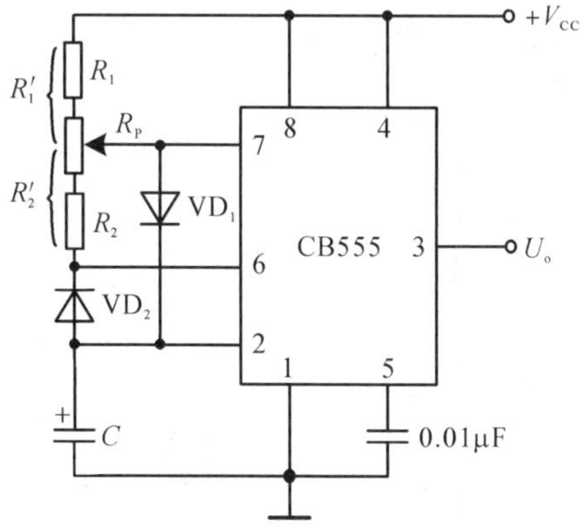

图 5-44　占空率可调的多谐振荡器电路图

4. 实验内容与步骤

（1）用 555 定时器构成单稳态触发器，按图 5-45 接线并完成图 5-46 所示单稳态触发器的波形图绘制。已知单稳态触发器中电源电压为 12 V。

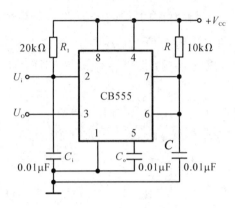

图 5-45　单稳态触发器

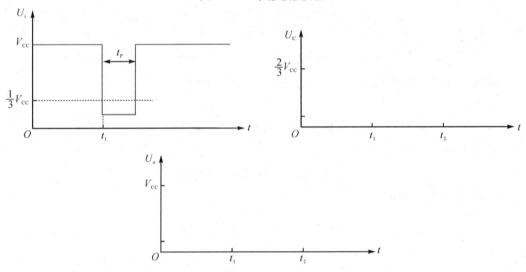

图 5-46　单稳态触发器波形图绘制

（2）多谐振荡器功能测试，按照图5-47(a)所示接线，用双踪示波器观察U_C和U_o的波形，并验证矩形波信号的频率和占空比。

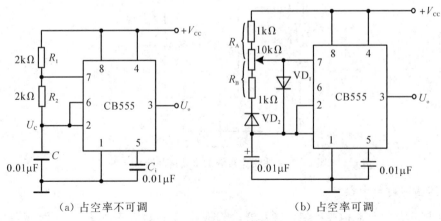

（a）占空率不可调　　　　　　　（b）占空率可调

图 5-47　多谐振荡器

（3）占空率可调多谐振荡器功能测试，按照图 5 - 47(b)所示接线，调节占空率，当占空率分别为 30％和 70％时，通过双踪示波器观察 U_c 和 U_o 的波形，并记录数据。

5. 预习要求

（1）复习 555 定时器的结构和工作原理。

（2）查阅 555 定时器的应用电路。

（3）熟悉实验内容，画出实验电路。

6. 实验报告要求

（1）画出实验电路，整理实验数据，并与理论值进行比较。

（2）将示波器测试的输出波形用坐标纸画出。

（3）对实验结果进行分析，写出实验结论。

7. 思考题

（1）由 555 定时器构成多谐振荡器的工作原理是什么？都有哪些应用？

（2）如何利用 555 定时器组成施密特触发器？

（3）思考如何使用 Multisim 电路仿真软件对占空率可调多谐振荡器电路进行仿真，并画出仿真电路。

5.8　数/模和模/数转换电路

1. 实验目的

（1）了解 D/A 和 A/D 转换器的电路结构、工作原理及特点。

（2）掌握 D/A 转换器 DAC0832 和 A/D 转换器 ADC0809 的典型应用电路。

（3）掌握 D/A 转换器 DAC0832 和 A/D 转换器 ADC0809 的使用方法。

2. 实验设备与器件

（1）数字电子电路实验箱。

（2）直流稳压电源。

（3）数字式万用表。

（4）数字式示波器。

（5）集成芯片 DAC0832、ADC0809，集成运算放大器 UA741，电阻、电容、电位器及导线。

3. 实验原理

在很多场合下需要把模拟量信号转换为数字量信号，或把数字量信号转换为模拟量信号。前者称为模/数转换，实现这种功能的器件称为模/数转换器（A/D 转换器，简称 ADC）；后者称为数/模转换，实现这种功能的器件称为数/模转换器（D/A 转换器，简称 DAC）。

在用计算机对生产过程进行控制时，首先必须要将被控制的模拟量转换为数字量，才能送到计算机中去进行运算和处理，然后必须将处理后得到的数字量转换为模拟量，才能实现对要控制的模拟量进行控制。在数字仪表中，也必须将被测的模拟量转换为数字量，才能实现数字显示。

本实验采用 DAC0832 实现 D/A 转换，采用 ADC0809 实现 A/D 转换。

1) DAC0832 D/A 转换器

DAC0832 是采用 CMOS 工艺制成的单片电流输出型 8 位数/模转换器，它的内部设有两级 8 位数据缓冲器(8 位输入寄存器和 8 位 DAC 寄存器)和一个 8 位 D/A 转换器。器件核心部分是采用倒 T 形电阻网络的 8 位 D/A 转换器。由于 DAC0832 可进行两次缓冲操作，使操作灵活性大为增加。DAC0832 的数字量输入电平与 TTL 兼容。8 位输入寄存器用来锁存从数据输入端 $D_0 \sim D_7$ 送来的数据，当输入锁存使能 $\overline{\text{LE}}$、片选信号 $\overline{\text{CS}}$ 和写控制 $\overline{\text{WR}}_1$ 同时有效时，数字量被锁存；当传输控制 XFER 和写控制 $\overline{\text{WR}}_2$ 有效时，输入寄存器的内容锁存入 8 位 DAC 寄存器，开启 D/A 转换。

DAC0832 有直通、单缓冲和双缓冲 3 种操作方式。当 $\overline{\text{CS}}$、$\overline{\text{WR}}_1$、$\overline{\text{WR}}_2$ 和 XFER 接低电平时，LE 接高电平，即不用写信号控制，就能使两个寄存器处于开通状态，外部输入数据直通内部 8 位 D/A 转换器的数据输入端，这种操作方式称为直通方式。当 $\overline{\text{WR}}_2$ 和 XFER 接低电平时，使 8 位 DAC 寄存器处于开通状态，只需控制一个寄存器，这种工作方式叫作单缓冲工作方式。当 LE 为高电平，$\overline{\text{CS}}$ 和 $\overline{\text{WR}}_1$ 为低电平时，8 位输入寄存器有效，输入数据存入寄存器，当进行 D/A 转换时，$\overline{\text{WR}}_2$、XFER 为低电平，LE 使八位 DAC 寄存器有效，将数据置入 DAC 寄存器中，这时两个寄存器均处于受控状态，输入数据要经过两个寄存器缓冲控制后才进入 D/A 转换器，这种工作方式叫作双缓冲工作方式。

DAC0832 的原理图及引脚图如图 5-48 所示，引脚功能表如表 5-22 所示。DAC0832 内部电流建立时间是 1 μs，经过 1 μs 以后，在输出端 I_{OUT1} 和 I_{OUT2} 即可建立稳定的电流输出。反馈电阻 R_{FB} 为 15 kΩ，集成在芯片内部。由于 DAC0832 有 8 个二进制的输入端，1 个

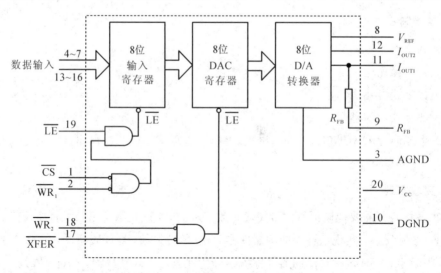

图 5-48 DAC0832 原理图及引脚图

输出端，所以输入可有 $2^8 = 256$ 个不同的二进制组态，输出为 256 个电压之一，即输出电压不是整个电压范围内任意值，而是 256 个可能值。

表 5-22 DAC0832 引脚功能表

端子名	功 能	
$\overline{LE}$	输入锁存使能端	当 $\overline{LE}=1$、$\overline{CS}$ 及 $\overline{WR}_1=0$ 时，使 8 位输入寄存器的 $\overline{LE}=1$，则 8 位输入寄存器输出跟随输入；当 $\overline{WR}_1$ 变为 1 时，8 位输入寄存器 $\overline{LE}=0$，输入数据被锁存在 8 位输入寄存器中；当 $\overline{LE}=1$，而 $\overline{WR}_2$ 及 $\overline{XFER}$ 为 0 时，使 8 位 DAC 寄存器输出跟随输入；当 $\overline{WR}_2$ 变为 1 时，将输入数据锁存在 8 位 DAC 寄存器中
$\overline{CS}$	片选端	
$\overline{WR}_1$	写控制端 1	
$\overline{WR}_2$	写控制端 2	
$\overline{XFER}$	传输控制端	
AGND	模拟地	AGND 和 DGND 应连接起来接地
DGND	数字地	
$D_0 \sim D_7$	数据输入端：D_7 为高位，D_0 为低位	
V_{CC}	电源端：$+5\ V \sim +15\ V$，$+15\ V$ 为最佳	
R_{FB}	反馈电阻端：$15\ k\Omega$，为 DAC 提供输出电压	
V_{REF}	基准电压输入端：$-10\ V \sim +10\ V$	
I_{OUT1}	DAC 电流输出端 1：当输入的数字码全为"1"时，I_{OUT1} 为最大，全为"0"时 $I_{OUT1}=0$	
I_{OUT2}	DAC 电流输出端 2：$I_{OUT1} + I_{OUT2} =$ 常量，即 V_{REF}/R_{FB}	

2）ADC0809 A/D 转换器

ADC0809 是采用 CMOS 工艺制成的单片 8 位 8 通道逐次逼近型模/数转换器中。它的转换时间为 100 μs，分辨率为 8 位，转换速度为 $\pm$LSD/2（LSD 为最低有效位），单 5 V 供电，输入模拟电压范围为 0～5 V，内部集成了可以锁存控制的 8 路模拟转换开关，输出采用三态输出缓冲寄存器，电平与 TTL 电平兼容。

ADC0809 将 8 通道多路模拟开关、地址锁存与译码器、三态输出锁存缓冲器集成在 8 位 ADC 中的 A/D 转换器中，它由比较器 C、逐次逼近寄存器 SAR、D/A 转换器（由 256R 电阻梯形网络、开关树和参考电压构成）及控制和定时 5 部分组成。SAR 用来实现 8 次迭代逼近，逐渐逼近输入电压。斩波式比较器先将直流信号转换成交流信号，经过高增益的交流放大器放大后，再恢复为直流电平，从而克服漂移的影响，提高转换精度。ADC0809 的原理图如图 5-49 所示，引脚功能表如表 5-23 所示。8 通道模拟开关由 ADDA、ADDB、ADDC 三地址输入端选通 8 路模拟信号中的任何一路进行 A/D 转换。地址译码与输入选通的关系如表 5-24 所示。

— 143 —

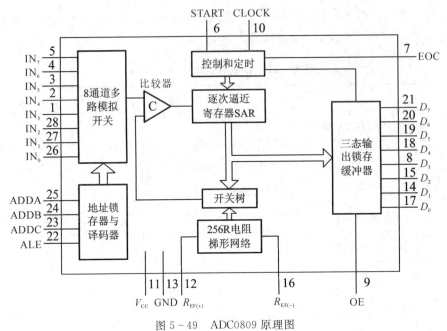

图 5-49 ADC0809 原理图

表 5-23 ADC0809 引脚功能表

端子名	功 能
$IN_0 \sim IN_7$	8 路模拟电压输入端
ADDA、ADDB、ADDC	地址输入端
ALE	地址锁存输入端，ALE 上升沿触发时，输入地址码；当 ALE＝0 时，原地址被锁存，外加地址送不出来
V_{CC}	＋5 V 单电源供电
$R_{EF(+)}$、$R_{EF(-)}$	参考电压输入端(＋5 V)
OE	输出使能，当 OE＝1 时，变换结果从 $D_7 \sim D_0$ 输出
$D_7 \sim D_0$	8 位 A/D 转换结果输出端，D_7 为高位，D_0 为低位
CLOCK	时钟脉冲输入端(≤640 kHz)
START	启动脉冲输入端，在正脉冲作用下，当脉冲上升沿到达时，内部逐次逼近寄存器(SAR)复位，在脉冲下降沿到达后，即开始转换。如果在转换过程中接收到新的启动脉冲，则停止转换
EOC	转换结束(中断)输出，EOC＝0 表示在转换；EOC＝1 表示转换结束。START 与 EOC 连接实现连续转换。当转换结束时，将 8 位数字信息锁存在三态输出缓存器中，同时送出一个转换结束信号，EOC 由低电平变为高电平。EOC 的上升沿必须滞后于 START 上升沿 8 个时钟脉冲＋2 μs 后才能出现

表 5 - 24 地址译码与输入选通的关系

被选模拟通道		IN_0	IN_1	IN_2	IN_3	IN_4	IN_5	IN_6	IN_7
地址	ADDC	0	0	0	0	1	1	1	1
	ADDB	0	0	1	1	0	0	1	1
	ADDA	0	1	0	1	0	1	0	1

ADC0809 器件的性能：

（1）分辨率为 8 位。

（2）总的不可调误差为 ±1/2 LSB 和 1 LSB。

（3）转换时间为 100 μs。

（4）+5 V 单电源供电。

（5）输出电平与 TTL 电路兼容。

（6）无需进行零位和满量程调整。

（7）器件功耗低，仅 1.5 mW。

4. 实验内容与步骤

1）D/A 转换器

（1）DAC0832 输出为电流信号，若要转换为电压信号，则必须在输出端接一个运算放大器。外接运算放大器时需要利用集成在 DAC0832 片内的反馈电阻，其引脚为 R_{FB}（9 脚）。运算放大器输出电压与外部提供的基准电压有关，外部基准电压的范围为 -10～+10 V，通过 V_{REF}（8 脚）提供。D/A 转换器实验电路如图 5 - 50 所示。

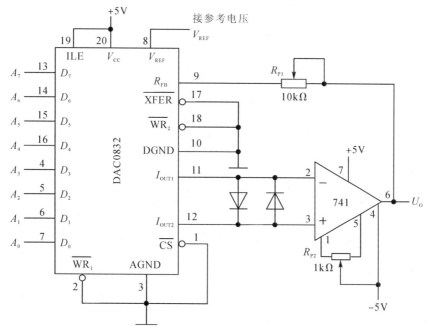

图 5 - 50 D/A 转换器实验电路

（2）DAC0832 工作在直通状态。

（3）调零：使 DAC0832 的数据输入端 $D_0 \sim D_7$ 全为 0，即开关 $A_0 \sim A_7$ 均接低电平，然后调节可变电阻 R_{P2} 使运算放大器输出电压为 0。

（4）调节最大输出幅值：使 DAC0832 的数据输入端 $D_0 \sim D_7$ 全为 1，调节可变电阻 R_{P1} 使运算放大器的输出为 $-V_{REF}$。V_{REF} 的取值，取决于运算放大器的限幅值。如参考电压 V_{REF} 为 +5 V，则运算放大器的输出的限幅值一定要大于 5 V，才能使电路的输出电压达到 -5 V。DAC0832 输出电压分辨率为

$$U = \frac{V_{REF}}{2^8} \tag{5-13}$$

输出电压为

$$U_o = \frac{V_{REF}}{2^8} D_{in} \tag{5-14}$$

其中 D_{in} 为输入数字量。

（5）按照图 5-51 所示电路接线并输入数字量信号，用数字式万用表测量运算放大器的输出电压，将测量结果记录于表 5-25 中。

表 5-25 D/A 转换器测量数据

输入数字量信号								$V_{REF} = +5$ V	$V_{REF} = -5$ V
D_7	D_6	D_5	D_4	D_3	D_2	D_1	D_0	U_o	U_o
0	0	0	0	0	0	0	0		
0	0	0	0	0	0	1	1		
0	0	0	0	1	1	1	1		
0	1	0	1	1	1	1	1		
1	0	0	0	0	0	1	1		
1	0	0	1	1	1	1	1		
1	0	1	1	0	1	1	1		
1	1	1	1	1	1	1	1		

（6）按照图 5-51 接线，把 DAC0832 和 UA741 等插入实验箱，DAC0832 的数据端即 $D_7 \sim D_0$ 接实验系统的数据开关，$\overline{CS}$，$\overline{XFER}$，$\overline{WR_1}$，$\overline{WR_2}$ 端均接 0，AGND 和 DGND 相连接地，$\overline{LE}$ 端接 +5 V 电源，参考电压也接 +5 V 电源，运算放大器电源电压为 ±12 V，调零电位器为 10 kΩ。将计数器 74LS161 的 4 位输出端（Q_3、Q_2、Q_1、Q_0）分别连接 DAC0832 的 D_7，D_6，D_5，D_4 端，DAC0832 低四位端接地。输入 CP 脉冲，用数字式示波器观测并记录输出电压波形，将测量数据填入表格 5-26 中。

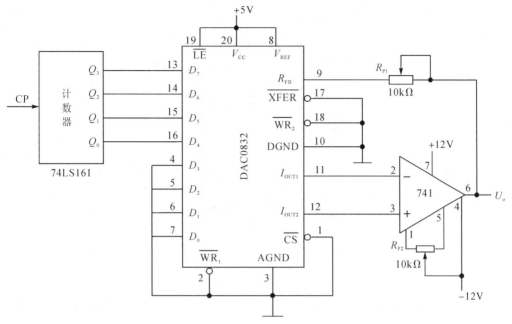

图 5－51　DAC0832 实验电路图

表 5－26　DAC0832 实验测量数据

输入数字量				输出模拟量	
D_7	D_6	D_5	D_4	实测量	理论值
0	0	0	1		
0	0	1	1		
0	1	0	0		
0	1	1	0		
0	1	1	1		
1	0	0	0		
1	0	1	1		
1	1	1	1		
1	1	1	1		

2）A/D 转换器

A/D 转换器实验电路如图 5－52 所示。电路中所有的电阻阻值均为 1 kΩ。

（1）按图 5－52 所示连接实验电路，将输出端 $D_7 \sim D_0$ 接 LED 指示灯，START 接正的单次脉冲，时钟 CLOCK 接 640 kHz 的脉冲信号。

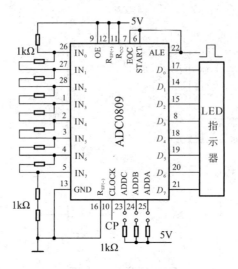

图 5-52 A/D 转换器实验电路

（2）按表 5-27 所示的关系，选择模拟信号的输入通道。ADDC、ADDB、ADDA 三个地址端若输入低电平（0），则接地；若输入高电平（1），则通过 1 kΩ 接 V_{CC} 电源端。

（3）按以上要求接好电路后，输入一个正的单次脉冲，下降沿到来时即开始 A/D 转换。

（4）观察和记录 8 路模拟信号 $IN_0 \sim IN_7$ 的转换结果，并记录于表 5-27 中，然后将转换结果换算成十进制数表示的电压值，并与数字式万用表实测的各路输入电压进行比较，分析误差原因。

表 5-27　A/D 转换数据

被选模拟通道		地址			理 论 值								实 测 值							
		C	B	A	D_7	D_6	D_5	D_4	D_3	D_2	D_1	D_0	D_7	D_6	D_5	D_4	D_3	D_2	D_1	D_0	电压
IN_0	4.5 V	0	0	0	1	1	1	0	0	1	1	0								
IN_1	4 V	0	0	1																
IN_2	3.5 V	0	1	0																
IN_3	3 V	0	1	1																
IN_4	2.5 V	1	0	0																
IN_5	2 V	1	0	1																
IN_6	1.5 V	1	1	0																
IN_7	1 V	1	1	1																

5. 预习要求

（1）查阅 D/A 和 A/D 转换器的相关资料，包括原理及应用电路。

（2）掌握 D/A 转换器集成芯片 DAC0832 和 A/D 转换器集成芯片 ADC0809 的各引脚功能和使用方法。

（3）熟悉实验内容，拟定好实验电路和记录表格。

6. 实验报告要求

（1）总结分析 D/A 转换器和 A/D 转换器的转换工作原理。

（2）画出实验电路图，以表格形式记录实验结果。

（3）将实验转换结果与理论值进行比较，并对实验结果进行讨论。

7. 思考题

（1）A/D 和 D/A 转换器的核心部分各由哪几部分组成？它们是怎样实现转换的？

（2）如果要使 DAC0832 的输出为正极性，如何修改电路？

（3）数/模转换器的转换精度与什么有关？

（4）为什么 DAC 转换器的输出都要接运算放大器？

（5）ADC 的主要技术指标有哪些？

（6）思考如何使用 Multisim 电路仿真软件对 D/A 和 A/D 转换器电路进行仿真，并画出它们的仿真电路。

第六章　电子技术综合性实训项目

6.1　脉冲宽度调制电路

脉冲宽度调制电路

1. 设计任务与要求

通过电压比较器设计脉冲宽度调制电路，实现发光二极管的 PWM 调光。

2. 预习要求

（1）复习集成运算放大器的应用，包括电压比较器、积分电路、滞回比较器、电压跟随器等。

（2）熟悉脉冲宽度调制电路的工作原理，并掌握占空比的计算方法。

（3）掌握矩形波-三角波发生器的工作原理。

3. 设计指导

　　脉冲宽度调制电路由电源电路、三角波振荡电路、参考电压电路、脉宽调制电路和输出电路 5 部分组成，其核心器件为集成运算放大器 LM324。LM324 内部集成了 4 个运算放大器，其引脚图如图 6-1 所示。

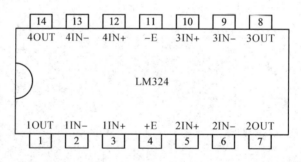

图 6-1　集成运算放大器 LM324 引脚图

　　脉冲宽度调制电路通过自激振荡在矩形波-三角波发生器中输出三角波信号并送到电压比较器的反相输入端，电压比较器的同相输入端信号是由参考电压电路提供直流电压信号；直流电压信号和三角波信号的比较结果决定输出电压大小，不同的给定电压信号，将产生不同的调制波形，即不同占空比的矩形波，也将获得不同的平均直流电压；矩形波经过三极管放大电路驱动，使流过发光二极管的平均电流不同，平均电流越大，发光二极管越亮，平均电流越小，发光二极管越暗。

　　1）电源电路

　　电源电路由变压器 T 降压后得到的两个 15 V 的交流电压，经过全波整流电路和滤波电路变成 20 V 左右的直流电压，再经过由固定式三端稳压器 LM7812 和 LM7912 组成的集成稳压电路输出±12 V 直流电压，为集成运算放大器和其他各部分电路提供工作所需要的电源，如图 6-2 所示。

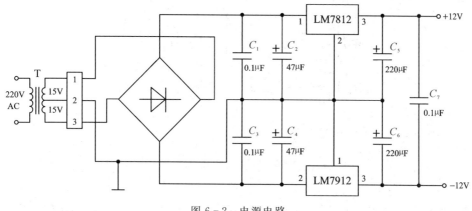

图 6-2　电源电路

2）三角波振荡电路

三角波振荡电路是脉冲宽度调制电路的核心部分，为脉宽调制电路提供所需要的三角波信号，如图 6-3 所示。两个稳压管为硅稳压管，稳压值为 5.1 V，其正向工作电压为 0.7 V。运算放大器 A_1 组成一个同相滞回比较电路，运算放大器 A_2 与 R_{10}、C_8 组成一个积分放大电路，这两个电路组合在一起构成矩形波-三角波发生器，同相滞回比较电路输出矩形波信号，积分放大电路输出三角波信号。

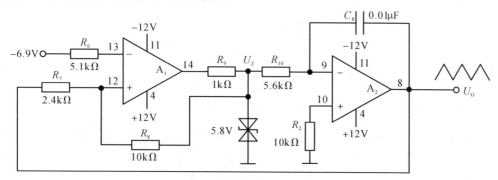

图 6-3　三角波振荡电路

电路上电后，当同相滞回比较电路的输出电压 U_Z 为＋5.8 V 时，积分电路的输出电压从高变低，经过 R_7 反馈到滞回比较电路的同相输入端，当同相滞回比较电路的同相输入电压达到下门限电压时，其输出电压 U_Z 变成－5.8 V。当同相滞回比较电路的输出电压为－5.8 V 时，积分电路的输出电压开始从低变高，当达到滞回比较电路的上门限电压时，输出电压重新变成＋5.8 V，波形电路完成一个周期。输出电压波形的周期约为 $T=1.4R_{10}C_8$。另外应注意，三角波振荡电路是闭环系统，前后是相互影响的。

3）参考电压电路

脉冲宽度调制电路需要提供参考电压。运算放大器 A_3 则组成电压跟随器提供参考电压,且输出电压跟随输入电压变化,起到隔离驱动作用。该电路的电压信号并没有放大,只是进行阻抗变换(高阻变为低阻)。通过电位器 R_{W1} 可以改变参考电压,参考电压的变化范围约为 -12 V~ -6.24 V,如图 6-4 所示为参考电压电路。

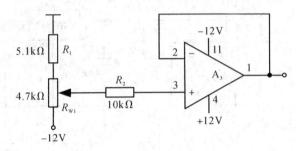

图 6-4　参考电压电路

4) 脉宽调制电路

脉宽调制电路如图 6-5 所示。该电路是一个比较电路,把反相输入端的三角波信号与同相输入端的控制电压进行比较,当三角波信号电压高于控制电压时,输出端电压为 -10 V;当三角波信号电压低于控制电压时,电路输出信号端电压为 $+10$ V。电路输出信号为脉宽随控制电压的改变而变化的矩形波信号,占空比变化的范围为 $0\sim100\%$,但输出信号的频率不随脉宽的改变而变化。

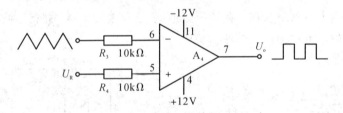

图 6-5　脉宽调制电路

5) 输出电路

输出电路如图 6-6 所示。脉宽调制电路的输出信号不能直接驱动负载,必须经过缓冲

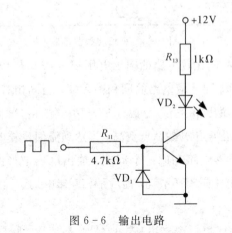

图 6-6　输出电路

放大。在输出电路单元,用 NPN 型三极管 C9013 对运算放大器 A_4 输出的脉宽调制信号进行电平调节和电流放大,把输入的 $-10\ V\sim +10\ V$ 电压变成 $0\ V\sim +10\ V$ 的脉动直流电压驱动一定的负载。三极管基极连接的二极管 VD_1 是为了保护三极管不被输入的过高电压损坏。VD_2 为发光二极管,当脉宽调制电路输出的矩形波信号占空比越大,发光二极管越亮,反之,发光二极管越暗,从而实现脉宽调制功能。

脉冲宽度调制电路性能测试表如表 6-1 所示。

表 6-1 脉冲宽度调制电路性能测试表

项目		记　录	
功能检查	(1) 参考电压电路		
	(2) 三角波振荡电路		
	(3) 脉宽调制电路		
	(4) 输出电路		
	(5) 电源电路		
性能检测	三角波频率	Hz	
	三角波幅值	Vpp	
	画出波形: (1) 三角波波形图(D 点) (2) 矩形波波形图(E 点) (3) 调制波波形图(F 点)(给定电压为 $-8\ V$)		

4. 实验报告要求

(1) 通过 Multisim 电路仿真软件对脉冲宽度调制电路进行设计仿真,并对所设计的电路进行功能验证。

(2) 完成脉冲宽度调制电路焊接和调试,写出调试步骤和调试结果,并利用数字式示波器观察如图 6-7 所示电路中 A、B、C、D、E、F 各点的波形。

(3) 对实验数据和电路的工作情况进行分析,完成表 6-1,并画出图 6-7 中 A、B、C、D、E、F 各点的波形。

(4) 写出实验总结,包括电路工作原理、故障分析、调试情况、收获和体会等。

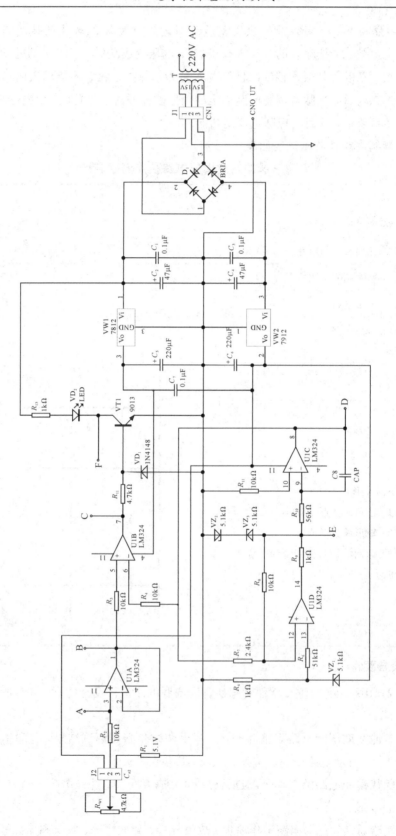

图6-7 脉冲宽度调制电路图

6.2 电子秒表设计

1. 设计任务与要求

通过计数器 74LS90 和 555 定时器设计电子秒表，显示时间为 0.1～9.9 s。

2. 预习要求

（1）复习数字电路中 RS 触发器、单稳态触发器、时钟发生器及计数器等工作原理。

（2）复习异步二-五-十进制加法计数器 74LS90 的工作原理。

（3）画出电子秒表的逻辑电路图和测试表格。

3. 设计指导

74LS90 是异步二-五-十进制加法计数器，既可以作为二进制加法计数器，又可以作为五进制和十进制加法计数器。加法计数器 74LS90 引脚图如图 6-8 所示，功能表如表 6-2 所示。

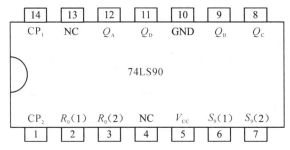

图 6-8 加法计数器 74LS90 引脚图

表 6-2 加法计数器 74LS90 的功能表

输 入					输 出				功 能
清 0		置 9		时 钟		Q_D	Q_C	Q_B	Q_A	
$R_0(1)$、$R_0(2)$		$S_9(1)$、$S_9(2)$		CP_1	CP_2					

清 0		置 9		时 钟		输 出				功 能
$R_0(1)$	$R_0(2)$	$S_9(1)$	$S_9(2)$	CP_1	CP_2	Q_D	Q_C	Q_B	Q_A	
1	1	0 / ×	× / 0	×	×	0	0	0	0	清 0
0 / ×	× / 0	1	1	×	×	1	0	0	1	置 9
0 / ×	× / 0	0 / ×	× / 0	↓	1			Q_A 输出		二进制计数
				1	↓		$Q_D Q_C Q_B$ 输出			五进制计数
				↓	$\overline{Q_A}$		$Q_D Q_C Q_B Q_A$ 输出 8421BCD 码			十进制计数
				$\overline{Q_D}$	↓		$Q_A Q_D Q_C Q_B$ 输出 5421BCD 码			十进制计数
				1	1		不变			保持

通过不同的连接方式，74LS90可实现4种不同的计数功能，而且还可以借助$R_0(1)$、$R_0(2)$对计数器清零，借助$S_9(1)$、$S_9(2)$将计数器置9。其具体功能如下：

（1）计数脉冲从CP_1输入，Q_A作为输出端，构成二进制计数器。

（2）计数脉冲从CP_2输入，Q_D、Q_C、Q_B作为输出端，构成异步五进制加法计数器。

（3）若将CP_2和Q_A相连，计数脉冲由CP_1输入，Q_D、Q_C、Q_B、Q_A作为输出端，则构成异步8421码十进制加法计数器。

（4）若将CP_1与Q_D相连，计数脉冲由CP_2输入，Q_A、Q_D、Q_C、Q_B作为输出端，则构成异步5421码十进制加法计数器。

（5）异步清零功能。当$R_0(1)$、$R_0(2)$均为"1"，$S_9(1)$，$S_9(2)$中有"0"时，实现异步清零功能，即$Q_DQ_CQ_BQ_A=0000$。

（6）置9功能。当$S_9(1)$、$S_9(2)$均为"1"，$R_0(1)$、$R_0(2)$中有"0"时，实现置9功能，即$Q_DQ_CQ_BQ_A=1001$。

电子秒表的电路图如图6-9所示，主要由4个功能电路组成，即基本RS触发器、单稳态触发器、时钟发生器和计数及译码显示电路。

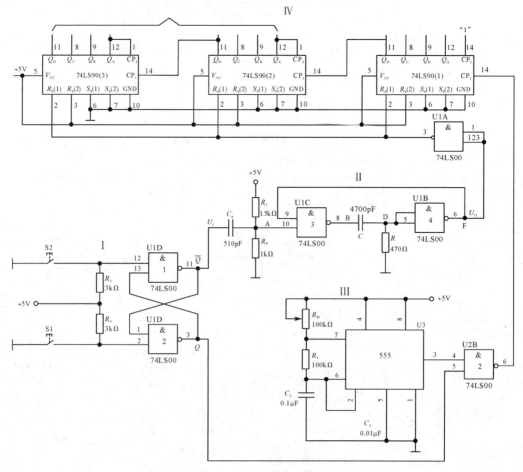

图6-9 电子秒表电路图

1）基本 RS 触发器

图 6-9 中单元 I 为由与非门构成的基本 RS 触发器。触发器由低电平直接触发，具有置位和复位的功能。触发器输出端 $\overline{Q}$ 连接单稳态触发器的输入端，输出端 Q 连接与非门 U2B 的输入端，作为控制信号为计数及译码显示电路提供时钟脉冲。按下按钮开关 S_2（接地），则与非门 U1D 输出 $\overline{Q}=1$，与非门 U2A 输出 $Q=0$；S_2 复位后 Q 和 $\overline{Q}$ 状态保持不变。然后按下按钮开关 S_1（接地），则 Q 由 0 变为 1，与非门 U2B 开启，为计数器 74LS90(1)提供脉冲信号，$\overline{Q}$ 由 1 变 0，送出负脉冲，启动单稳态触发器工作。基本 RS 触发器在电子秒表中的作用是启动和停止电子秒表。

2）单稳态触发器

图 6-9 中单元 II 为由集成与非门构成的微分型单稳态触发器，单稳态触发器的输入触发负脉冲信号 U_i 由基本 RS 触发器的输出端 $\overline{Q}$ 提供，输出负脉冲 U_o 通过非门加到计数器的清零端 $R_0(1)$。静态时，与非门 U1B 处于截止状态，故电阻 R 必须小于门的关门电阻 R_{off}。定时元件 R、C 取值不同，输出脉冲宽度也不同。当触发脉冲宽度小于输出脉冲宽度时，可以省去微分电路的 R_P 和 C_P。单稳态触发器在电子秒表中的作用是为 3 个加法计数器 74LS90 提供清零信号。

3）时钟发生器

图 6-9 中单元 III 为 555 定时器构成的多谐振荡器，是一种性能较好的时钟源。调节电位器 R_w，使输出端 3 脚输出频率为 50 Hz 的矩形波信号，当基本 RS 触发器 $Q=1$ 时，与非门 U2B 开启，此时 50 Hz 脉冲信号通过与非门 U2B 作用于计数器 74LS90(1)的计数输入端 CP_2，为 74LS90(1)提供计数脉冲。

4）计数及译码显示

加法计数器 74LS90 构成电子秒表的计数单元，如图 6-9 中单元 IV 所示。其中计数器 74LS90(1)接成五进制计数形式，对频率为 50 Hz 的时钟脉冲进行五分频，在输出端 Q_D 取得周期为 0.1 s 的矩形脉冲，作为计数器 74LS90(2)的时钟输入。计数器 74LS90(2)及计数器 74LS90(3)接成 8421 码十进制计数形式，其输出端与译码显示单元连接，可显示 0～9.9 s 计时。译码显示电路如图 6-10 所示。

5）测试内容

电路焊接完成以后，先将各功能电路逐个进行接线和调试，即分别测试基本 RS 触发器、单稳态触发器、时钟发生器、计数及译码显示电路的逻辑功能，待各功能电路工作正常后，再进行整体测试，直到实现电子秒表的整体功能。

（1）基本 RS 触发器的测试。

按照 74LS00 芯片引脚图连接电路，当基本 RS 触发器输入端为高电平或低电平时，分别测量输出端 Q 和 $\overline{Q}$ 的输出电压。

（2）单稳态触发器的测试。

① 静态测试。用数字式万用表测试量 A、B、D、F 各点电压值。

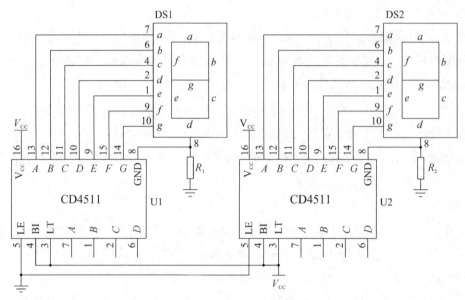

图 6-10 译码显示电路

② 动态测试。单稳态触发器输入端接 1 kHz 连续脉冲信号,用数字式示波器观察并画出 D 点(U_D)、F 点(U_o)波形。如果连续脉冲信号持续时间太短,难以观察,可适当增大微分电容 C(如改为 0.1 μF),待测试完毕,再恢复为 4700 pF。

(3)时钟发生器的测试。用数字式示波器观察输出电压波形并测量其频率,调节电位器 R_W,使输出矩形波频率为 50 Hz。

(4)计数器的测试。加法计数器 74LS90(1)接成五进制形式,加法计数器 74LS90(2)和加法计数器 74LS90(3)接成 8421 码十进制形式,将 3 个计数器级联,然后进行逻辑功能测试,并记录测试结果。

(5)电子秒表的整体测试。首先,按下按钮开关 S_2,此时电子秒表不工作,然后按下按钮开关 S_1,则计数器清零后开始计数。观察数码管的计数显示是否正常。如果不需要计数或暂停计数,按下按钮开关 S_2,则计数立即停止。

4. 实验报告要求

(1)通过 Multisim 电路仿真软件对电子秒表电路进行设计仿真,对所设计的电路进行功能验证。

(2)完成电子秒表电路焊接和调试,写出调试步骤和调试结果,利用数字式示波器观察计数器 74LS90(1)时钟输入端 CP_2 的波形,以及 74LS90(2)和 74LS90(3)时钟输入端 CP_1 的波形,并画出波形。

(3)写出实验总结,包括电路工作原理、故障分析、调试情况、收获和体会等。

6.3 倒计数红绿灯电路

1. 设计任务与要求

通过十进制可逆计数器 CD40192 和 555 定时器设计倒计数红绿灯电路,红绿灯控制周期为 30 s。

2. 预习要求

（1）复习数字电路中 555 定时器、触发器 74LS74、计数器 CD40192 以及译码显示电路等工作原理。

倒计数红绿灯电路

（2）掌握同步十进制可逆计数器 CD40192 的工作原理。

（3）掌握由 CD4511 和数码管组成的译码显示电路工作原理。

（4）画出倒计数红绿灯电路的电路原理图和测试表格。

3. 设计指导

CD40192 是同步十进制可逆计数器，双时钟输入，具有清除、置数、加计数和减计数等功能，其引脚图如图 6-11 所示。

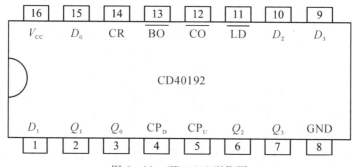

图 6-11 CD40192 引脚图

其中，$\overline{\text{LD}}$ 为预置输入控制端，简称置数端；CP_U 为加计数时钟输入端；CP_D 为减计数时钟输入端；$\overline{\text{CO}}$ 为进位输出端，"1001"状态后负脉冲输出；$\overline{\text{BO}}$ 为借位输出端，"0000"状态后负脉冲输出；CR 为复位输入端，高电平有效，异步清除；D_0、D_1、D_2、D_3 为计数器输入端；Q_0、Q_1、Q_2、Q_3 为计数器输出端。CD40192 功能表如表 6-3 所示。

表 6-3 CD40192 功能表

输　　　　　　入								输　　　出			
CR	$\overline{\text{LD}}$	CP_U	CP_D	D_3	D_2	D_1	D_0	Q_3	Q_2	Q_1	Q_0
1	×	×	×	×	×	×	×	0	0	0	0
0	0	×	×	d	c	b	a	d	c	b	a
0	1	↑	1	×	×	×	×	加计数			
0	1	1	↑	×	×	×	×	减计数			

由功能表可知：

（1）当复位端 CR 为高电平"1"时，计数器直接复位，输出"0000"。CR 为低电平时执行其他功能。

（2）当 CR 为低电平，置数端 $\overline{\text{LD}}$ 也为低电平时，数据直接从输入端 D_0、D_1、D_2、D_3 置

入计数器。

（3）当 CR 为低电平，置数端$\overline{\text{LD}}$为高电平时，执行计数功能。执行加计数时，减计数时钟输入端 CP_D 接高电平，计数脉冲从加计数时钟输入端 CP_U 输入，在计数脉冲上升沿作用下进行 8421 码十进制加法计数。

（4）执行减计数时，加计数时钟输入端 CP_U 接高电平，计数脉冲从减计数时钟输入端 CP_D 输入，在计数脉冲上升沿作用下进行 8421 码十进制减法计数。

倒计数红绿灯电路利用 CD40192 进行十进制减法计数，主要包含 3 个功能电路，即脉冲信号驱动电路、倒计数控制电路、红绿灯控制电路。各功能电路之间相互联系：脉冲信号驱动电路为倒计数控制电路提供计数脉冲，计数器在计数脉冲作用下实现倒计数过程；倒计数控制电路为红绿灯控制电路提供时钟脉冲，触发器在时钟脉冲作用下实现红绿灯切换；数码管显示受倒计数控制电路影响，倒计数过程正确，才能保证数码管显示正确。

1）脉冲信号驱动电路

脉冲信号驱动电路如图 6-12 所示，多谐振荡器接通电源后，V_{CC} 通过电阻 R_{18} 和 R_{17} 对电解电容 C_2 进行充电，电容电压上升，此时输出电压 U_o 为高电平。若电路第一个暂稳状态的脉冲宽度为 t_{p1}，则电容 C_2 的充电时间为

$$t_{p1} \approx (R_{18} + R_{17})C_2 \ln 2$$
$$= 0.7(R_{18} + R_{17})C_2$$
$$\approx 0.532\text{ s}$$

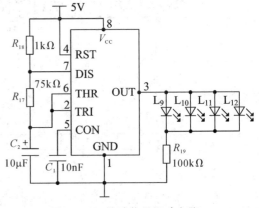

图 6-12　脉冲信号驱动电路

当电容 C_2 充电到 $2V_{CC}/3$ 时，通过电阻 R_{17} 经由 CB555 定时器放电端 7 脚（DIS 引脚）对地放电，此时输出电压 U_o 为低电平。若电路第二个暂稳状态的脉冲宽度为 t_{p2}，则电容 C_2 的放电时间为

$$t_{p2} \approx R_{17}C_2 \ln 2 \approx 0.7 R_{17} C_2 = 0.525\text{ s}$$

因此，多谐振荡器振荡周期为

$$T = t_{p1} + t_{p2} \approx 0.7(R_{18} + 2R_{17})C_2 = 1.057\text{ s}$$

综上所述，脉冲信号驱动电路输出的矩形脉冲信号周期约 1 s。

2）倒计数控制电路

倒计数控制电路如图 6-13 所示。CD40192 执行减计数时，满足复位端（14 脚）接低电平，加计数端（5 脚）接高电平，时钟脉冲从减计数端（4 脚）输入，为了便于观察计数过程加入了 CD4511 译码显示电路。计数器 U3 连接译码器 U1，然后连接十位数码管；计数器 U4 连接译码器 U2，然后连接个位数码管。U4 借位输出端（13 脚）连接 U3 减计数端（4 脚），保证 30 s 倒计数正常进行。同时，当数码管减到"00"时，计数器 U3 和 U4 置数端（11 脚）需要同时输入脉冲下降沿信号，实现 30 s 倒计数结束后再次置数，倒计数过程重复循环。

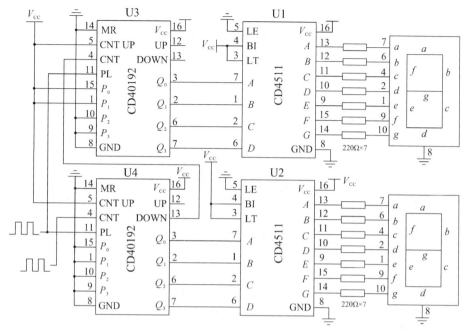

图 6-13 倒计数控制电路

3）红绿灯控制电路

红绿灯控制电路如图 6-14 所示。选取脉冲信号幅值为 5 V、频率为 0.0333 Hz，为 D 触发器 74LS74 提供时钟脉冲，图中 R_{28} 和 R_{29} 为限流电阻，保护发光二极管。在电路设计过程中，将 D 触发器的输入端（2 脚）和输出端（6 脚）相连，此时 D 触发器转换为 T' 触发器，大约每 30 s 输出端（5 脚）翻转一次，$Q_{n+1}=\overline{Q}_n$，满足发光二极管 L_1、L_2、L_3、L_4（东西方向绿灯、南北方向红灯）和 L_5、L_6、L_7、L_8（南北方向绿灯、东西方向红灯）状态取反。

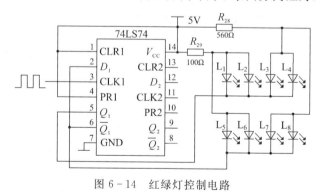

图 6-14 红绿灯控制电路

4）总体设计电路图

总体设计电路图如图 6-15 所示，循环周期为 30 s。当数码管显示"03"时，计数器 U3 输出端"Q_0"和"Q_1"、计数器 U4 输出端"Q_3"和"Q_2"同时输出低电平，三极管 V_1 基极电压为 0，三极管截止，555 定时器 U7 复位端（4 脚）输入高电平，停止复位操作，输出矩形脉冲信号，触发黄灯闪烁。当 30 s 结束后，计数器 U3 和 U4 置数端（11 脚）输入低电平，计数器重新开始置数，D 触发器 U6 在脉冲上升沿作用下输出端（5 脚）状态发生变化，满足东西方向和南北方向红绿灯状态取反。

电子技术基础与实践

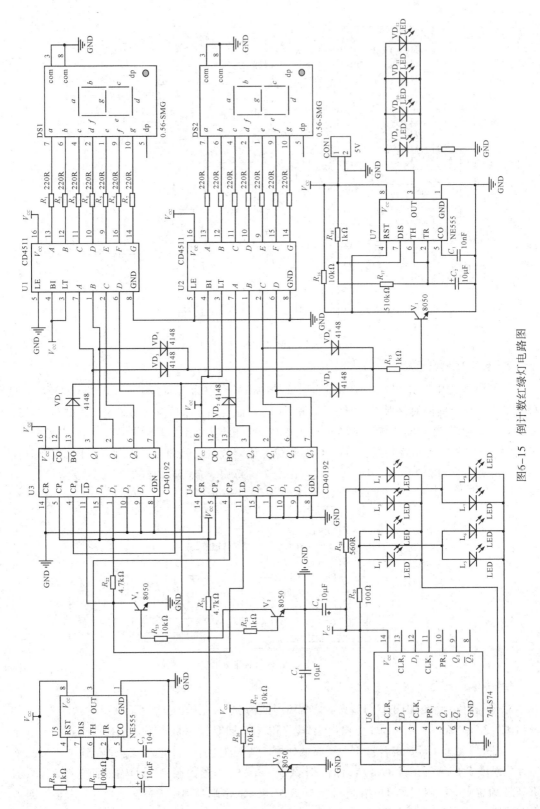

图5-15 倒计数红绿灯电路图

— 162 —

4. 实验报告要求

（1）通过 Multisim 电路仿真软件对倒计数红绿灯电路进行设计仿真，对所设计的电路进行功能验证。

（2）完成倒计数红绿灯电路焊接和调试，写出调试步骤和调试结果，并利用数字式示波器观察 555 定时器 U5 和 U7 输出端 3 脚的波形。

（3）对实验数据和电路的工作情况进行分析，并画出 555 定时器 U5 和 U7 输出端 3 脚的波形。

（4）写出实验总结，包括电路工作原理、故障分析、调试情况、收获和体会等。

6.4　停车场进出车辆统计器设计

1. 设计任务与要求

（1）自动统计停车场内车辆的个数，统计车辆的范围为≤999 辆。

（2）用 3 个数码管显示停车场内的车辆数。

（3）有车辆进入时数码管自动加 1，反之数码管自动减 1。

（4）能够手动清零。

2. 预习要求

总体设计方案原理框图如图 6-16 所示。其工作原理是：首先通过检测电路将检测车辆进出信号发送给互锁电路然后判断车辆是进入还是出去，从而决定计数电路是加还是减，最后通过译码显示电路显示出停车场内的车辆数。

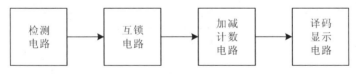

图 6-16　停车场进出车辆统计器原理框图

3. 设计指导

1）检测电路设计

检测电路主要利用光耦器件作为光电传感器来完成，在图 6-17 中，U2 和 U7 为两路光电传感器，电路中的光耦器件为反射式光耦，红外发光二极管和光敏三极管封装为一体，其交点在距光耦合成器 5 mm 处。光耦在工作时，如果红外发光二极管发出的红外光被遮挡，则光敏三极管处于截止状态。光耦 U7 安装在停车场门口的外侧，为加法计数的传感器，光耦 U2 安装在停车场门口的内侧，为减法计数的传感器。汽车驶进或者驶出停车场时，通过 U7、U2 的顺序有先后，U7、U2 的状态变化过程决定输出脉冲的变化过程，通过互锁电路决定计数器进行加计数或者减计数。

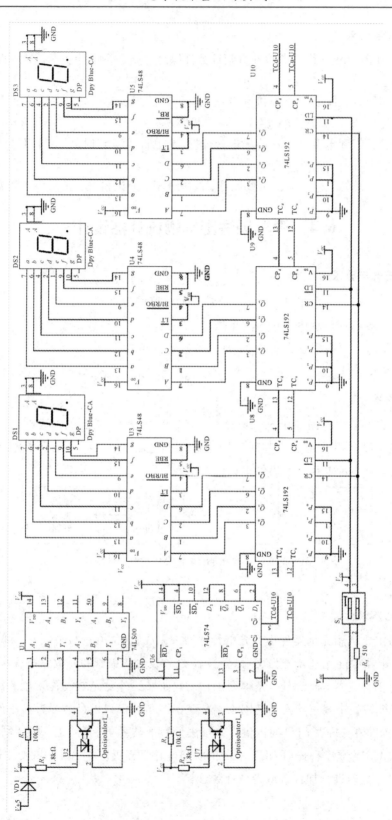

图6-17 停车场进出车辆统计器电路图

2）互锁电路设计

互锁电路由与非门芯片 74LS00 和 D 触发器 74LS74 组成，如图 6 - 18 所示。假设 74LS74 内部两个 D 触发器分别为 FF_1 和 FF_2。当汽车进入停车场时，使计数器 74LS192 进行加计数。实现的过程是：汽车驶入时，首先光耦 U7 中红外发光二极管发出的红外光被遮挡，此时光敏三极管截止，U7 的 4 脚输出高电平，而光耦 U2 的 4 脚仍为低电平，74LS00 的 Y_2 端(6 脚)输出低电平，Y_1 端(3 脚)输出高电平，触发器 FF1 进行复位。随着汽车的继续驶入，U7 和 U2 中红外发光二极管发出的红外光均被遮挡，U7 和 U2 的 4 脚同时输出高电平，触发器 FF2 进行复位。当汽车驶过 U7 后，U7 的 4 脚输出低电平。当汽车驶过 U2 后，U2 的 4 脚输出低电平。在汽车通过光耦 U7 和 U2 的过程中，触发器 FF_2 输出端 Q_2 出现脉冲上升沿，而触发器 FF_1 的输出端 Q_1 输出高电平，计数器作加法计数。同理，当汽车驶离停车场时，计数器将做减法计数。

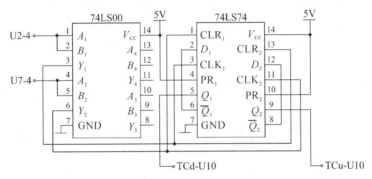

图 6 - 18　停车场进出车辆统计器互锁电路

3）加减计数电路设计

加减计数电路由 3 个双时钟、可预置数的可逆计数器 74LS192 实现，如图 6 - 17 所示。将前级的进位/借位输出分别与后级的加法/减法计数脉冲相连，构成了多级可逆计数器。计数控制脉冲信号来自互锁电路。图中 S_1 为清零键。按下 S_1 键，级联计数清零，重新统计进出车辆数量。

4）译码显示电路

译码显示电路由 3 个显示译码器 74LS48 和数码管 DS1、DS2、DS3 组成，如图 6 - 19 所示。

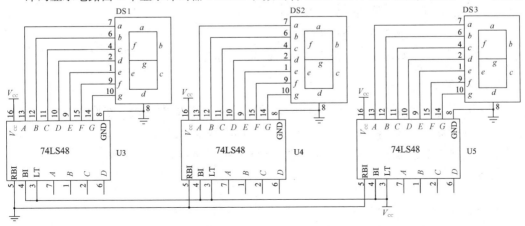

图 6 - 19　停车场进出车辆统计器译码显示电路

5）设计过程

（1）查找资料，确定总体方案。

（2）单元电路设计。

（3）器件选择，参数计算。

（4）画出总体设计图。

（5）电路安装与测试。

4. 实验报告要求

（1）通过 Multisim 电路仿真软件对停车场进出车辆统计器电路（如图 6-17 所示）进行设计仿真，对所设计的电路进行功能验证。

（2）完成停车场进出车辆统计器（如图 6-17 所示）焊接和调试，并写出调试步骤和调试结果。

（3）掌握停车场进出车辆统计器的工作原理，并对实验数据和电路的工作情况进行分析。

（4）写出实验总结，包括电路工作原理、故障分析、调试情况、收获和体会等。

6.5 多波形发生器

1. 设计任务与要求

设计多波形发生器，主要技术指标为：

（1）频率范围：10 Hz～20 kHz。

（2）频率控制方式：通过改变 RC 时间常数控制信号频率；

通过改变控制电压，实现压控频率（VCF）。

（3）输出电压：正弦波 $U_{PP}=2$ V，幅值连续可调；

三角波 $U_{PP}=3$ V，幅值连续可调；

矩形波 $U_{PP}=6$ V，幅值连续可调。

（4）波形特性：正弦波谐波失真度＜5%；

三角波非线性失真度＜2%；

矩形波上升沿和下降沿时间＜2 μs。

2. 预习要求

（1）复习由运算放大器及分立元件构成的矩形波-三角波发生器工作原理。

（2）查找资料，确定由三角波变换成正弦波的方法及电路。

（3）查阅 ICL8038 集成函数发生器芯片用户手册，掌握其基本应用电路。

3. 设计指导

1）由集成运算放大器和差分放大电路实现多波形发生器

由集成运算放大器和差分放大电路组成的多波形发生器的框图如图 6-20 所示。由于运算放大器的转换速率 S_R 直接关系到输出矩形波的上升时间和下降时间，因此对矩形波的边沿要求不高的电路，可以选用通用运算放大器，如 RC4558、TL082、LF412 等，如果对矩形波边沿要求较高，应选择输入电阻大、温漂和零漂都较小的运算放大器，如 OP07、TL082 等。

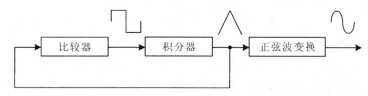

图 6-20 多波形发生器框图

（1）矩形波-三角波发生器参考电路。

矩形波-三角波发生器电路如图 6-21 所示。输出矩形波的幅值为

$$U_{o1} = \pm U_Z \tag{6-1}$$

输出三角波的幅值为

$$\pm U_o = \pm \frac{R_3}{R_2} U_Z \tag{6-2}$$

振荡频率为

$$f = \frac{R_2}{4R_3RC} \tag{6-3}$$

式中，R 为 R_P 接入电路中的阻值。

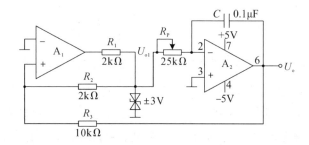

图 6-21 矩形波-三角波发生器

（2）三角波-正弦波参考电路。

通过滤波法可以实现三角波变换为正弦波，按照傅里叶级数可以将三角波 $u(\omega t)$ 展开为

$$u(\omega t) = \frac{8}{\pi^2} U_M \left(\sin\omega t - \frac{1}{9}\sin 3\omega t + \frac{1}{25}\sin 5\omega t - \cdots \right) \tag{6-4}$$

式中，U_M 为三角波的峰值。

设计一个低通或带通滤波器，让三角波通可低通或带通滤波器即可完成三角波-正弦波变换。压控电压源二阶低通滤波参考电路如图 6-22 所示。但是如果三角波的频率变化范围大，则可能使三角波的高次谐波通过滤波器输出，不能获得良好的正弦波。因此滤波法适用于频率变化范围不大的三角波-正弦波变换。

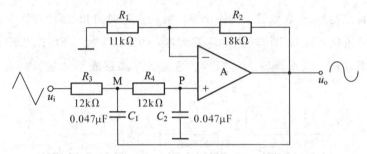

图 6-22　压控电压源二阶低通滤波参考电路

通过差分放大电路也可以实现三角波变换为正弦波，波形变换的原理是利用差分放大电路传输特性曲线的非线性。差分放大电路传输特性曲线越对称、线性区越窄越好。图6-23所示为利用差分放大电路实现三角波-正弦波变换的电路图。其中，R_{P1}用于调节三角波的幅值，R_{P2}用于调整电路的对称性，并联电阻R_e用来减小差分放大器的线性区。电容C_1、C_2、C_3为隔直电容，C_4为滤波电容，以滤除谐波分量，改善输出波形。

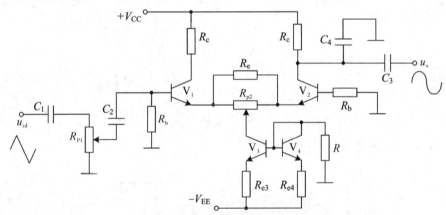

图 6-23　利用差分放大电路实现三角波-正弦波变换电路图

2) 利用 ICL8038 集成函数发生器芯片设计多波形发生器

ICL8038 是一种可以同时产生矩形波、三角波、正弦波的专用集成电路，当调节外部电路参数时，还可以获得占空比(率)可调的矩形波、锯齿波，应用十分广泛。

ICL8038 的技术指标：

(1) 频率可调范围为 0.001 Hz～300 kHz。

(2) 输出矩形波占空比的可调范围为 2%～98%，上升时间为 180 ns，下降时间为 40 ns。

(3) 输出三角波(锯齿波)的非线性<0.05%。

(4) 输出正弦波的失真度<1%。

ICL8038 的管脚图如图 6-24 所示。工作时可用单电源供电，即 11 脚接地，6 脚接 $+V_{cc}$，V_{cc} 为 10～30 V；也可使用双电源供电，即将 11 脚接 $-V_{EE}$，6 脚接 $+V_{cc}$，取值范围为 ±(5～15)V。8 脚为调频电压输入端，7 脚输出调频偏置电压，可作为 8 脚的输入电压。电路的振荡频率与调频电压成正比。

图 6 - 24　ICL8038 管脚图

ICL8038 的内部框图如图 6 - 25 所示，主要由恒流源 I_1、恒流源 I_2、电压比较器 A、电压比较器 B、触发器、缓冲器和三角波-正弦波电路等组成。

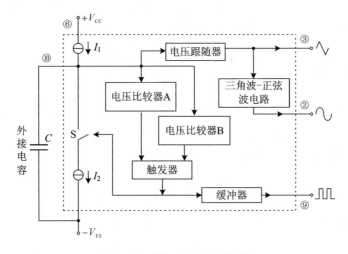

图 6 - 25　ICL8038 的内部框图

如图 6 - 26 所示为 ICL8038 最常见的两种基本接法，矩形波输出为集电极开路形式，需外接电阻 R_L 至 $+V_{CC}$。接法 1 电路中，R_A 和 R_B 分别独立调整。接法 2 电路中，通过改变可变电阻 R_P 滑动端的位置来调整 R_A 和 R_B 的数值。当 $R_A=R_B$ 时，输出为矩形波、三角波和正弦波；当 $R_A\neq R_B$ 时，输出为占空比（率）可调的矩形波、锯齿波。占空比（率）的表达式为

$$q = \frac{T_1}{T} = \frac{2R_A - R_B}{2R_A} \times 100\%　\qquad (6-5)$$

故 $R_B < 2R_A$。

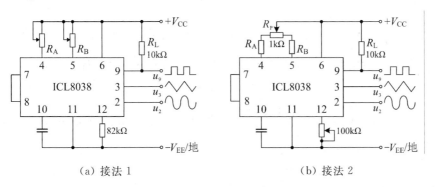

（a）接法 1　　　　　　　　　　（b）接法 2

图 6 - 26　ICL8038 的两种基本接法

在图 6-26(b)中，电路用 100 kΩ 的可变电阻 R_P 取代了图 6-26(a)所示电路中的 82 kΩ电阻，调节可变电阻 R_P 可以减小正弦波的失真度。如果要进一步减小正弦波的失真度，可采用如图 6-27 所示的电路中可变电阻 R_{P3}、R_{P4} 和两个 10 kΩ 电阻(R_A、R_B)所组成的电路，使失真度减小到 0.5%。在 R_A 和 R_B 不变的情况下，调整 R_{P1} 可使电路振荡频率最大值与最小值之比达到 100:1。也可在 8 脚与 6 脚之间直接加输入电压调节振荡频率，使最高频率与最低频率之差可达 1000:1。

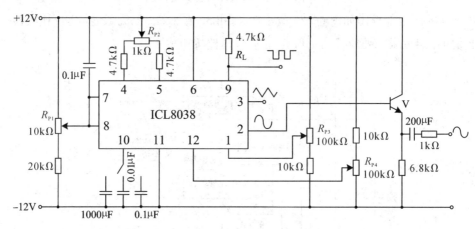

图 6-27　失真度减小和频率可调电路

4. 实验报告要求

(1) 通过 Multisim 电路仿真软件对多波形发生器电路进行设计仿真，对所设计的电路进行综合分析。

(2) 完成多波形发生器电路焊接和调试，写出调试步骤和调试结果，并利用数字式示波器观察电路的波形。

(3) 对实验数据和电路波形进行分析，并记录频率和电压幅值。

(4) 写出实验总结，包括电路工作原理、故障分析、调试情况、收获和体会等。

6.6　通用控制电路

通用控制电路

1. 设计任务与要求

设计完成通用控制电路，实现加减预置数功能，同时实现自动倒计数功能。

2. 预习要求

(1) 复习基本门电路、施密特触发器、可预置数十进制加/减计数器、译码显示电路等工作原理。

(2) 掌握通用控制电路中数码显示、预置数(加/减)、自动倒计数的工作原理。

(3) 复习十进制可逆计数器 CD40192 的引脚图和功能表。

3. 设计指导

通用控制电路主要由增减控制单元、预置数控制单元、启动停止控制单元、0.6 s 脉冲发生器、3 s 脉冲发生器、十进制加减计数器、可预置十进制减法计数器、译码显示电路等组成，电源工作电压为 +12 V。

通用控制电路系统框图如图 6-28 所示，电路图如图 6-29 所示。电路上电后，首先进行冷启动复位，将 IC3 和 IC2 计数器复位清零，数码管显示为 0。此时可进行加减预置数，按下 S_4 按钮进行加预置数，数码管从 0，1，2…9，0 循环显示；松开按钮，加预置数停止，数码管显示预置数。按下 S_3 按钮进行减预置数，数码管从 0，9，8…1，0 循环显示；松开按钮 S_3，减预置数停止，数码管显示预置数。当预置数结束（即数码管显示不为 0 时），可进行自动倒计数控制。此时按下 S_1（启动）按钮，发光二极管 VD_1 立即亮，数码管以 3 秒/次的速度从预置数开始倒计数。当倒计数减到 0 时，启动指示灯熄灭，数码管重新显示预置数。当倒计数没有减到 0 时，按下 S_2（停止）按钮，倒计数工作立刻停止，启动指示灯立刻熄灭，数码管显示停止时的数字。此时再按下 S_1（启动）按钮，继续倒计数，同时启动指示灯亮。倒计数为 0 时，启动指示灯熄灭，数码管再次显示预置数。

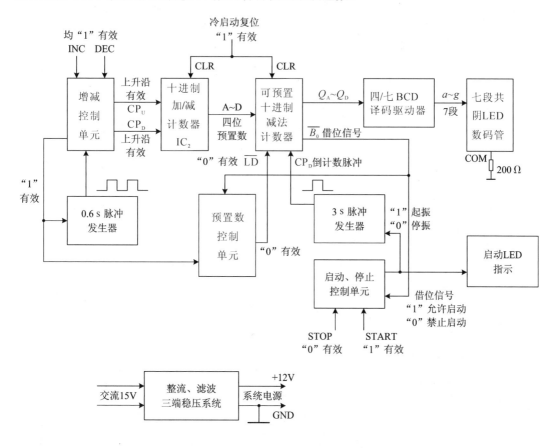

图 6-28 通用控制电路系统框图

电子技术基础与实践

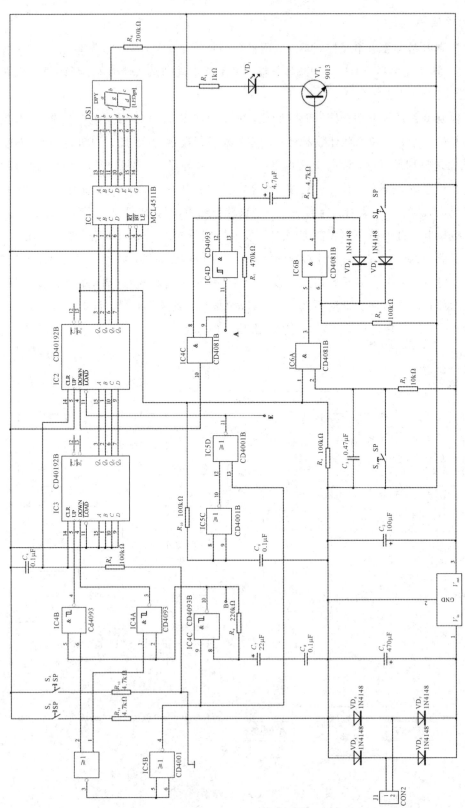

图6-29 通用控制器电路图

1) 直流稳压电路

直流稳压电路由二极管 VD_4、VD_5、VD_6、VD_7、三端稳压器 LM7812 和电解电容 C_1、C_2 构成，电路图如图 6-30 所示。VD_4、VD_5、VD_6、VD_7 组成整流桥，15V 交流电经过整流桥，得到约 18 V 直流电。LM17812 和电解电容 C_1、C_2 构成稳压电路，输出 12 V 直流电压，为通用控制电路提供工作电压。

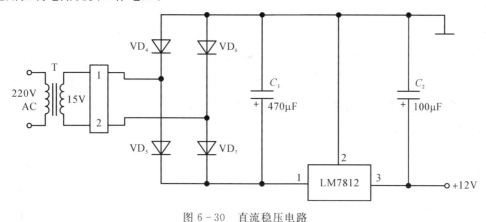

图 6-30 直流稳压电路

2) 冷启动清零电路

冷启动清零电路图如图 6-31 所示，由 C_4、R_8 构成。C_4 连接 12 V 电压，R_8 接地。在 C_4 和 R_8 的连接处，引出到计数器芯片 IC3、IC2 的 14 脚 CLR 复位端。在冷启动（即通电）瞬间，C_4 相当于短路，R_8 两端电压为 12 V（相当于逻辑 1）。当 C_4 充电到 12 V 时，R_8 两端电压为 0 V（相当于逻辑 0）。因此，在电路通电过程中，R_8 上会产生一个正脉冲，该脉冲为清零脉冲，作用在 IC3、IC2 复位端，确保在通电后，计数器 IC3、IC_2 的初始状态为"0000"，数码管显示为 0。

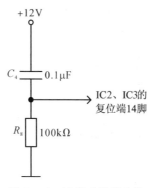

图 6-31 冷启动清零电路

3) 加减预置数电路

加减预置数电路图如图 6-32 所示，由 S_3 和 S_4 按钮开关、IC3、IC4-A、IC4-B、IC4-C、IC5-A、IC5-B、R_{11}、R_{12}、R_9、C_7 构成。加减预置数电路是对称的，IC4-C、R_9 和 C_7 组成脉冲发生器电路，通过脉冲发生器产生计数脉冲，送到加法控制门 IC4-B 的 5 脚和减法控制门 IC4 - A 的 2 脚。B 点波形如图 6 - 33 所示。由加、减控制门的 1 脚和 6 脚状态决定脉冲通过哪个门，从而控制计数器 IC3 进行加计数或减计数。具体控制过程如下：当进行减预置数时，按住 S_3 按钮，+12 V 电压通过按钮形成高电平"1"作用在 IC5 - A 的 2 脚输入端，此时 IC5 - A 的 3 脚输出低电平"0"。由于 IC5 - A 的 3 脚连接 IC5 - B 的输入端 5 脚和 6 脚，则 IC5 - B 的 4 脚输出高电平"1"。同时 IC5 - B 的 4 脚连接 IC4 - C 施密特触发器的控制端 9 脚，使脉冲发生器电路开始振荡，振荡周期为 $T = 1.4 \times R_9 \times C_7 = 1.4 \times 220 \text{ k}\Omega \times 2 \text{ }\mu\text{F} = 0.616 \text{ s}$，频率约为 1.62 Hz。$S_3$ 按下的同时，IC4 - A 的控制端 1 脚为高电平"1"，使施密特触发器开门，脉冲发生器发出的计数脉冲通过，计数脉冲从计数器 IC3 的 4 脚输入，此时计数器 IC3 的 5 脚为高电平"1"，从而实现 IC3 进行减计数。同理，当进行加预置数时，按住 S4 按钮，计数脉冲从计数器 IC3 的 5 脚输入，计数器 IC3 的 4 脚为高电平"1"，从而实现 IC3 进行加计数。

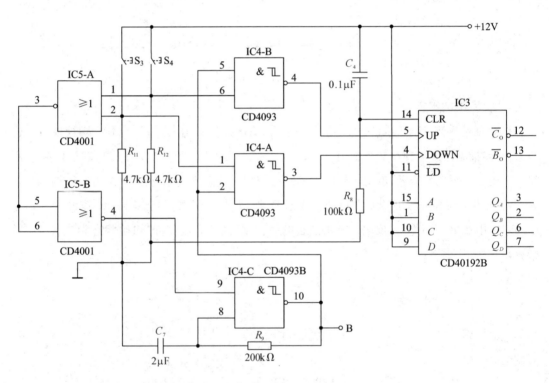

图 6 - 32　加减预置数电路图

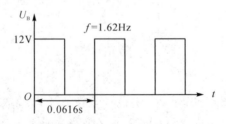

图 6 - 33　脉冲发生器 B 点波形

4) 启动停止控制电路

启动停止控制电路图如图 6-34 所示，由 R_1、R_2、R_3、R_4、R_5、C_3、VD_1、VD_2、VD_3、S_1 和 S_2 按钮开关、IC6-A、1C6-B 和三极管 V_1 构成。启动停止的前提为数码管显示的数字不可为 0，即必须要有预置数(1~9)的存在。电路中 C_3 为抗干扰电容。

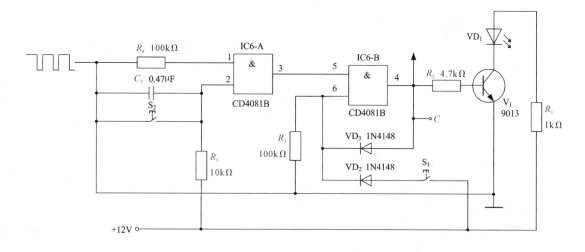

图 6-34 启动停止电路

S_1 为启动按钮，当 S_1 按下时，高电平"1"经过 S_1，使 VD_2 正向导通，在 R_3 上形成高电平"1"，即 IC6-B 的 6 脚输入高电平"1"。由于 IC6-A 的输入端 2 脚连接高电平"1"，当 IC6-A 的输入端 1 脚也输入高电平"1"时，IC6-A 的 3 脚输出高电平"1"。此时，IC6-B 的 5 脚输入为高电平"1"，由于 VD_3 的自锁作用使 IC6-B 的 6 脚保持为高电平"1"，满足 IC6-B 的 4 脚恒为高电平。IC6-B 输出端 4 脚的高电平"1"使三极管 V_1 导通,点亮发光二极管 VD_1，完成启动过程。

S_2 为停止按钮，当 S_2 按下时，使 IC6-A 的 2 脚输入低电平"0"，此时 IC6-A 的 3 脚输出低电平"0"。当 IC6-B 的 5 脚为低电平"0"，则 IC6-B 的 4 脚输出低电平"0"，三极管 V_1 截止，发光二极管 VD_1 不亮。

5) 倒计数电路

倒计数电路图如图 6-35 所示，由 R_7、C_5、IC4-D、IC6-C、IC2 构成。当启动完成时，IC6-B 的输出端 4 脚为高电平"1"，送到 IC4-D 的输入端 13 脚和 IC6-C 输入端 8 脚。IC4-D 与 R_7、C_5 构成 3 s 振荡器，当 IC4-D 的 13 脚为高电平"1"时，振荡器开始工作，振荡的周期 $T=1.4 \times R_7 \times C_5 = 1.4 \times 470 \text{ k}\Omega \times 4.7 \text{ } \mu\text{F} = 3.0926 \text{ s}$，即 IC4-D 的输出端 11 脚输出幅值约为 12 V，周期约为 3 s，占空比(率)为 50% 的矩形波脉冲。该脉冲信号送到 IC6-C 的输入端 9 脚，由于 IC6-C 的输入端 8 脚连接高电平"1"，则该脉冲信号通过 IC6-C 输出端 10 脚送到计数器 IC2 的 4 脚，此时计数器 IC2 进行减计数，每 3 s 减 1，直到减为零结束。减到零时 IC2 的 13 脚$\overline{B_0}$发出借位信号，使减计数停止。

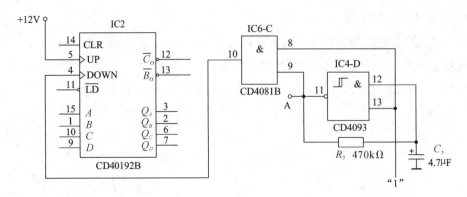

图 6-35　倒计数电路

6) 倒计数为零复位电路

倒计数为零复位，电路图如图 6-36 所示，由 R_{10}、C_6、IC5-C、IC5-D 和 IC2 构成。当倒计数由 1 减到 0 时，计数器 IC2 的借位端 13 脚输出一个负脉冲，该负脉冲完成停止和复位功能。停止功能为 IC2 的 13 脚输出负脉冲作用到图 6-29 中 IC6-A 的输入端 1 脚，则 IC6-B 的 4 脚为低电平 "0"，此时三极管 V1 截止，发光二极管 VD_1 不亮，并且使 3 s 振荡器停止振荡，计数脉冲消失，计数停止。复位功能为 IC2 的 13 脚输出负脉冲经 R_{10} 作用到 IC5-C 的输入端 8 脚和 9 脚，经反相后 IC5-C 的 10 脚输出高电平 "1"，则 IC5-D 的输出端 11 脚输出低电平 "0"。该低电平 "0" 作用到 IC2 的置数端 11 脚，使计数器 IC3 中的预置数顺利通过计数器 IC2 送到译码器，数码管显示预置数，实现复位功能。

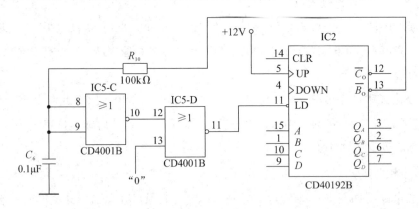

图 6-36　倒计数为零复位电路

7) 译码显示电路

译码显示，电路图如图 6-37 所示由 IC1、DS1、R_6 构成。IC1 为 CD4511 七段码译码器，其输入端 A、B、C、D 接收计数器 IC2 的 Q_A、Q_B、Q_C、Q_D 端输出数据，在译码状态下输出端 A~G 随输入端 A~D 的变化而变化。DS1 为共阴极数码管，根据译码信号，显示数码。R_6 为限流电阻，保护数码管不被损坏。

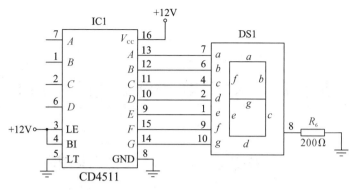

图 6-37　译码显示电路

4. 实验报告要求

（1）通过 Multisim 电路仿真软件对通用控制电路进行设计仿真，对所设计的电路进行功能验证。

（2）完成通用控制电路焊接和调试，写出调试步骤和调试结果，并利用数字式示波器观察脉冲发生器 B 点和 3 s 振荡器 A 点的波形。

（3）对实验数据和电路的工作情况进行分析，画出脉冲发生器 B 点和 3 s 振荡器 A 点的波形，并记录振荡频率和电压幅值。

（4）写出实验总结，包括电路工作原理、故障分析、调试情况、收获和体会等。

第七章　常用电子测试仪器应用

7.1　GDM－8341 数字式万用表

CDM－8341
数字式万用表

数字式万用表也称为数字多用表，是目前较为常用的一种数字化仪表。随着大规模集成电路制造技术的发展，数字式万用表也得以迅速发展，现在数字式万用表的品种也是越来越多，功能越来越强。数字式万用表凭借着优良的性能，深受专业技术人员和广大无线电爱好者喜爱，正逐步成为电子与电工测量及各种电器维修必备的仪表。

GDM－8341 是便携式的双显数字式万用表（如图 7－1 所示），适合的应用领域很广，比如生产测试、研发和现场检验等。此型号万用表搭配 50 000 位数 VFD 双显示屏，可以测量电压、电流、电阻、电容、二极管导通压降、频率等参数，并提供 USB 通信接口，可为用户提供高准确性的测量和清晰的数值观测。

图 7－1　GDM－8341 数字式万用表

1. 性能指标

DCV 精确度：0.02％。

输出电流范围：0～10 A。

输出电压范围：0～1000 V。

ACV 频率响应：100 kHz。

具有自动测量和手动测量功能以及 USB 数据记录功能。

2. 面板介绍

GDM－8341 数字式万用表显示测量数据直观、正确，读数无视差，分辨率高，测量速度快，输入阻抗高，保护功能强。其前面板功能键如表 7－1 所示。

表 7 - 1 GDM - 8341 数字式万用表前面板功能键

名　　称	图　　标	功　　能
电源开关	POWER	电源开关按钮
USB 接口		用于数据传输
电压/电阻/二极管/ 电容测量端	INPUT V Ω → ⊣⊢ MAX 1000V 750V	用于除直流电流和交流 电流以外的测量
COM 端	MAX 1000V 750V COM MAX 12A	接地端
DC/AC 0.5A 测量端	MAX 0.5A MAX 500Vpk FUSE T0.5A 250V	小电流测量端口 直流电流：500 μA～0.5 A 交流电流：500 μA～0.5 A 内部保险丝保护电路
DC/AC 12A 测量端	COM MAX 12A	大电流测量端口
DCV 键	DCI DCV	测量直流电压

名　称	图　标	功　能
DCI 键	DCI DCV	测量直流电流
ACV 键	ACI ACV	测量交流电压
DCV ＋ ACV 键	SHIFT/EXIT → ACI ACV	测量直流＋交流电压
DCI ＋ ACI 键	SHIFT/EXIT → DCI DCV ＋ ACI ACV	测量直流＋交流电流
Resistance/ Continuity 键	dB Ω / •)))	测量电阻和蜂鸣
Diode/ Capacitance 键	dBm →|/ -|-	测量直流电压
Hz/P 键	Hz/P	测量频率或周期
2ND 键	LOCAL 2ND	第二功能键，长按可显示 第二功能

3．基本操作

1）直流电压与交流电压测量

（1）GDM－8341 数字式万用表能够测量 0～750 V AC 或 0～1000 V DC，黑表笔为负极，插入 COM 端插孔，红表笔为正极，插入电压/电阻/二极管/电容测量端插孔。

（2）按下 DCV 或 ACV 键可测量 DC 或 AC 电压。对于 AC＋DC 电压，需同时按下 ACV 和 DCV 键。

（3）电压量程可自动或者手动选定，按下 AUTO 键可实现自动量程和手动量程切换。手动方式下按下 RANGE＋键和 RANGE－键可调节电压量程。

2）直流电流与交流电流测量

（1）GDM－8341 数字万用表有两个输入端口，用来进行电流测量。一个 0.5 A 的端口用来测量小于 0.5 A 的电流，另一个 12 A 的端口用来测量小于 12 A 的电流。当测量最大值为 0.5 A 电流时，黑表笔插入 COM 端插孔，红表笔插入 DC/AC 0.5 A 测量端插孔；当测量最大值为 12 A 电流时，红表笔插入 DC/AC 12 A 测量端插孔。

（2）按下 SHIFT→DCV 键或 SHIFT→ACV 键分别用来测量 DC 或 AC 电流，对于 AC＋DC 电流的测量，需要按下 SHIFT 键之后同时按下 DCV 键和 ACV 键。

（3）电流量程可自动或者手动选定，按下 AUTO 键可实现自动量程和手动量程切换。手动方式下按下 RANGE＋键和 RANGE－键可调节电流量程。

3）电阻测量

（1）GDM－8341 数字式万用表能够测量 0～500 MΩ 的电阻，黑表笔插入 COM 端插孔，红表笔插入电压/电阻/二极管/电容测量端插孔。

（2）按下 Resistance/Continuity 键，激活电阻值测量。

（3）电阻量程可自动或者手动选定，按下 AUTO 键可实现自动量程和手动量程切换。手动方式下按下 RANGE＋键和 RANGE－键可调节电阻量程。

4）二极管测量

（1）GDM－8341 数字式万用表利用一个持续约 0.83 mA 的正向电流来测量二极管正向导通压降，黑表笔插入 COM 端插孔，红表笔插入电压/电阻/二极管/电容测量端插孔。

（2）按下 Diode/Capacitance 键，激活二极管测量。

5）电容测量

（1）GDM－8341 数字式万用表可以检测 0～50 μF 的电容，黑表笔插入 COM 端插孔，红表笔插入电压/电阻/二极管/电容测量端插孔。

（2）按下两次 Diode/Capacitance 键，激活电容测量。

（3）电容量程可自动或者手动选定，按下 AUTO 键可实现自动量程和手动量程切换。手动方式下按下 RANGE＋键和 RANGE－键可调节电容量程。

6）通断测试

（1）GDM－8341 数字式万用表可以进行电路通断测试，黑表笔插入 COM 端插孔，红表笔插入电压/电阻/二极管/电容测量端插孔。

（2）按下两次 Resistance/Continuity 键，利用蜂鸣挡进行通断测试。

7) 频率和周期测量

(1) GDM - 8341 数字式万用表能够用来测量一个信号的周期和频率，黑表笔插入 COM 端插孔，红表笔插入电压/电阻/二极管/电容测量端插孔。

(2) 按下 Hz/P 键可以进行频率测量，按下两次 Hz/P 键可以进行周期测量。

(3) 频率和周期的量程可自动或者手动选定，按下 AUTO 键可实现自动量程和手动量程切换。频率的测量范围为 0~1 MHz，周期的测量范围为 1.0 μs~100 ms。

7.2　GDS - 1102 数字示波器

GDS - 1102
数字式示波器

示波器是一种测量电压波形的电子仪器，它可以把被测电压信号随时间变化的规律用图形显示出来。使用示波器不仅可以直观而形象地观察被测物理量的变化过程，而且可以通过显示的波形测量电压、电流和进行频率与相位的比较，以及分析特性曲线等。示波器可分为模拟式示波器和数字式示波器。

GDS - 1102 数字示波器是一种用途十分广泛的电子测量仪器，是采用数据采集、A/D 转换、软件编程等一系列的技术制造出来的高性能示波器。该数字示波器支持多级菜单，能给用户提供多种选择和多种分析功能，而且还具有存储功能，可对波形进行保存和处理。GDS - 1102 数字示波器如图 7 - 2 所示。

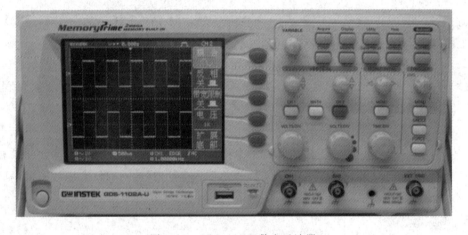

图 7 - 2　GDS - 1102 数字示波器

1. 性能指标

实时采样率：1 GS/s。

等效采样率：25 GS/s。

点记录长度：2 M。

垂直挡位：2 mV~10 V。

水平挡位：1 ns~50 s。

两个输入通道，100 MHz 带宽，高达 10 ns 峰值侦测，支持 27 组自动测量，具有数据记录和存储功能。

2. 面板介绍

GDS-1102 数字示波器显示测量数据直观、正确，可测试各种不同的电量，如电压、电流、频率、相位差、调幅度等。其前面板功能键如表 7-2 所示。

表 7-2　GDS-1102 数字示波器前面板功能键

名　称	图　标	功　能
Function 键 F1～F5		打开 LCD 屏幕右侧功能
VARIABLE 旋钮	VARIABLE	增大或减小数值；移至下一个或上一个参数
Acquire 键	Acquire	设置获取模式
Display 键	Display	屏幕显示设置
Cursor 键	Cursor	运行光标测量
Utility 键	Utility	设置 Hardcopy 功能，显示系统状态，选择菜单语言，运行自我校准，设置探棒补偿信号，选择 USB host 类型
Help 键	Help	显示帮助内容
Autoset 键	Autoset	根据输入信号自动进行水平、垂直以及触发设置
Measure 键	Measure	设置和运行自动测量
Save/Recall 键	Save/Recall	存储和调取图像、波形或面板设置

电子技术基础与实践

续表一

名　称	图　标	功　能
Hardcopy 键	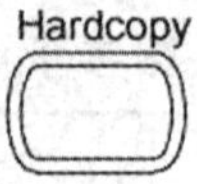 Hardcopy	将图像、波形或面板设置存储至 USB
Run/Stop 键	 Run/Stop	运行或停止触发
TRIGGER LEVEL 旋钮	 TRIGGER LEVEL	设置触发准位
触发 menu 键（解发部分）	 MENU	触发设置
SINGLE 触发键	 SINGLE	选择单次触发模式
触发 FORCE 键	 FORCE	无论此时触发条件如何，获取一次输入信号
水平 MENU 键（扫描部分）	 MENU	设置水平视图
水平位置旋钮	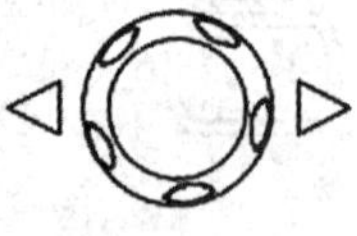 ◁ ▷	水平移动波形
TIME/DIV 旋钮	 TIME/DIV	选择水平档位
垂直位置旋钮	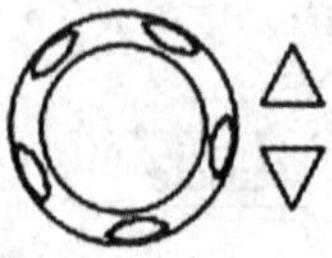 △▽	垂直移动波形
CH1/CH2 键	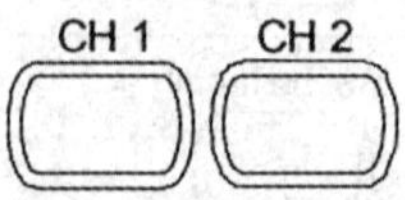 CH 1　CH 2	通道选择

— 184 —

续表二

名 称	图 标	功 能
VOLTS/DIV 按钮	VOLTS/DIV	选择垂直挡位
输入端子	CH1	接收输入信号：1MΩ ± 2% 输入阻抗，BNC 端子
接地端子		连接 DUT 接地导线，常见接地
MATH 键	MATH	完成数学运算
探棒补偿输出	≈2V	输出振幅 2V、频率 1 kHz 的矩形波信号
外部触发输入端子	EXT TRIG	接收外部触发信号
电源开关	POWER	打开或关闭示波器

3. 基本操作

1）自动测量

数字示波器可对大多数信号进行自动测量。测量信号频率、周期、峰峰值可按如下步骤操作：

(1) 将需要测量的信号接入数字示波器的 CH1 通道或 CH2 通道。

(2) 按下 Autoset 键自动进行水平、垂直以及触发设置，按下 Measure 键显示测量菜单。

(3) 按下菜单 CH1/CH2 键选择相应的信源(CH1 通道、CH2 通道)。

(4) 按下 Measure 键后再按下显示屏右侧 Function 键可以设置测量的类型。

如图 7-3 所示为矩形波的自动测量界面，测得信号的峰峰值为 5.19 V，周期为 1 ms，频率为 1 kHz，占空率为 50%。同时，测得的峰峰值、周期、频率、占空率会随着输入信号的变化而实时变化。

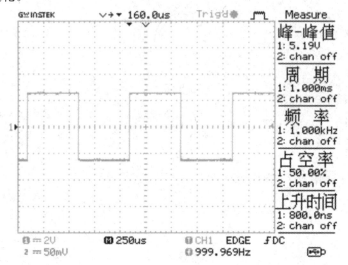

图 7-3　GDS-1102 数字示波器矩形波自动测量界面

2）用时间光标测量脉冲宽度

脉冲波形经常需要测量脉冲宽度。使用时间光标测量脉冲宽度可按如下步骤进行操作：

（1）按下 Cursor 键以显示光标菜单。

（2）按下显示屏右侧 Function 键，选择光标显示方式（X 轴显示）。

（3）按下菜单 CH1/CH2 键选择相应的信源（CH1 通道、CH2 通道）。

（4）旋转 VARIABLE 旋钮使光标 1 置于脉冲的上升沿。

（5）旋转 VARIABLE 旋钮使光标 2 置于脉冲的下降沿。

如图 7-4 所示为用时间光标测量脉冲宽度界面，测得光标 1 相对触发的时间为 2.020 ms，测得光标 2 相对触发的时间为 2.680 ms，脉冲宽度（即增量时间）为 660 μs。

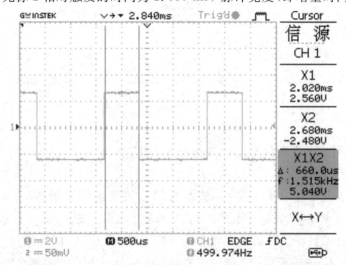

图 7-4　GDS-1102 数字示波器时间光标测量脉冲宽度界面

3）用时间光标测量波形峰峰值

使用光标测量波形峰峰值可按如下步骤操作：

（1）按下 Cursor 键，显示光标菜单。

（2）按下显示屏右侧 Function 键，选择光标显示方式(Y 轴显示)。

（3）按下菜单 CH1/CH2 键选择相应的信源(CH1 通道、CH2 通道)。

（4）旋转 VARIABLE 旋钮使光标 1 置于信号波形的波峰。

（5）旋转 VARIABLE 旋钮使光标 2 置于信号波形的波谷。

如图 7-5 所示为用时间光标测量波形峰峰值的界面，测得光标 1 处的正弦波信号电压为 256 mV，测得光标 2 处的电压为 380 mV，波形的峰峰值为 124 mV。

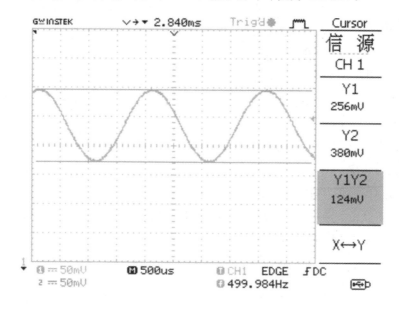

图 7-5　GDS-1102 数字示波器时间光标测量峰峰值界面

7.3　AFG-2105 函数信号发生器

AFG-2105 函数信号发生器是以 DDS 技术为基础，输出涵盖正弦波、矩形波、三角波、噪声波以及 20MSa/s 采样率的任意波形的一种电子仪器，如图 7-6 所示。它具有的0.1 Hz分辨率和 1%～99%的矩形波(脉冲波)可调占空率功能，极大扩展了其应用范围。

AFG-2105 函数信号发生器具有 5 MHz/12 MHz/25 MHz 三种频段，提供 AM/FM/FSK 调频、扫描以及计频器功能，在参数设置上采用全数字化的操作设计，3.5 寸的三色LCD屏显示可清楚显示设置的参数内容。另外，AFG-2105 函数信号发生器配备 USBDevice接口，用户可以进行远程控制和从计算机导入波形数据。

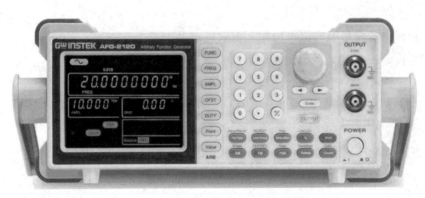

图 7 - 6   AFG - 2105 函数信号发生器

1. 性能指标

（1）使用 FPGA 的 DDS 技术提供高分辨率波形。

（2）频率范围：25 MHz。

（3）分辨率：0.1 Hz。

（4）采样率：20 MSa/s。

（5）重复率：10 MHz。

（6）幅值分辨率：10 bit。

（7）10 组 4K 波形存储器。

（8）支持正弦波、矩形波、三角波、噪声波信号输出。

（9）支持 AM 调制、FM 调制和 FSK 调制。

2. 面板介绍

AFG - 2105 函数信号发生器前面板功能键如表 7 - 3 所示。

表 7 - 3   AFG - 2105 函数信号发生器前面板功能键

名　称	图　标	功　能
POWER 键	POWER	启动/关闭仪器电源
Keypad 键		用于输入数值和参数，常与方向键和可调旋钮一起使用

续表一

名　称	图　标	功　能
Arrow 键	◀　　▶	编辑参数时，用于选择数位
旋钮		用于编辑数值和参数，步进 1 位，与 Arrow 键一起使用
输出端子	SYNC　　MAIN　50Ω　50Ω	SYNC 输出端口（50Ω 阻抗） 主输出端口（50Ω 阻抗）
Enter 键	Enter	用于确认输入值
OUTPUT 键	OUTPUT	启动/关闭输出
Hz/Vpp 键	Hz/Vpp	选择单位 Hz 或 Vpp
	Save/Recall Shift ＋ Hz/Vpp	存储或调取波形
KHz/Vrms 键	kHz/Vrms	选择单位 kHz 或 Vrms
	INT/EXT Shift ＋ kHz/Vrms	设置调制和 FSK 功能的内部源或外部源
MHz/dBm 键	MHz/dBm	选择单位 MHz 或 dBm
	Hop Shift ＋ MHz/dBm	设置 FSK 调制的"跳变"频率
％键	％	选择单位％
	LIN/LOG Shift ＋ ％	设置线性或对数扫描
Shift 键	Shift	用于选择操作键的第二功能

续表二

名　　称	图　标	功　　能
AM 键	AM	用于启动/关闭 AM 调制
	Shape Shift + AM	选择调制波形
FM 键	FM	用于启动/关闭 FM 调制
	DEP/DEV Shift + FM	选择调制深度和频偏
FSK 键	FSK	选择 FSK 调制
	Rate Shift + FSK	设置 AM、FM、FSK 调制率和扫描率
Sweep 键	Sweep	选择扫描功能
	Start/Stop Shift + Sweep	设置起始或停止频率
Count 键	Count	启动/关闭计频器
	Gate Shift + Count	设置计频器门限时间
ARB 编辑键	Point Value ARB	任意波形编辑键，Point 键用于设置 ARB 的点数，Value 键用于设置所选点的幅值
FUNC 键	FUNC	用于选择输出波形类型
FREQ 键	FREQ	设置波形频率
AMPL 键	AMPL	设置波形幅值
OFST 键	OFST	设置波形的 DC 偏置
DUTY 键	DUTY	设置矩形波和三角波的占空率

3. 基本操作

1）正弦波输出

如果要输出频率为 10 kHz、峰峰值为 1 V、直流偏置为 2 V 的正弦波信号，其操作步骤为：

（1）重复按下 FUNC 键选择正弦波信号。

（2）首先按下 FREQ 键选择频率设置，然后在 Keypad 中依次按下数值 1 和 0，再按下 kHz/Vrms 键，设置正弦波信号频率为 10 kHz。

（3）首先按下 AMPL 键选择峰峰值设置，然后在 Keypad 中按下数值 1，再按下 Hz/Vpp 键，设置正弦波信号峰峰值为 1 V。

（4）首先按下 OFST 键选择直流偏置设置，然后在 Keypad 中按下数值 2，再按下 Hz/Vpp 键，设置正弦波信号直流偏置为 2 V。

（5）按下 OUTPUT 键，MAIN 主输出端口输出频率为 10 kHz、峰峰值为 1 V、直流偏置为 2 V 的正弦波信号。

如图 7-7 所示为通过 GDS-1102 数字示波器观察到的 AFG-2105 函数信号发生器输出的正弦波信号。

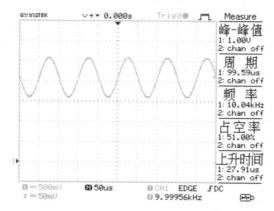

图 7-7　AFG-2105 函数信号发生器输出的正弦波信号

2）矩形波输出

如果要输出频率为 20 kHz、峰峰值为 3 V、占空率为 75% 的矩形波信号，其操作步骤为：

（1）重复按下 FUNC 键选择矩形波信号。

（2）首先按下 FREQ 键选择频率设置，然后在 Keypad 中依次按下数值 2 和 0，最后按下 KHz/Vrms 键，设置矩形波信号频率为 20 kHz。

（3）首先按下 AMPL 键选择峰峰值设置，然后在 Keypad 中按下数值 3，最后按下 Hz/Vpp 键，设置矩形波信号峰峰值为 3 V。

（4）首先按下 DUTY 键选择占空率设置，然后在 Keypad 中依次按下数值 7 和 5，最后按下 % 键，设置矩形波信号占空比为 75%。

（5）按下 OUTPUT 键，MAIN 主输出端口输出频率为 20 kHz、峰峰值为 3 V、占空率为 75% 的矩形波信号。

如图 7-8 所示为通过 GDS-1102 数字示波器观察到的 AFG-2105 函数信号发生器输出的矩形波信号。

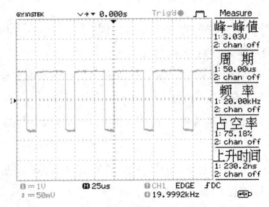

图 7-8　AFG-2105 函数信号发生器输出的矩形波信号

3）三角波输出

如果要输出频率为 50 kHz、峰峰值为 3 V、占空率为 54％的三角波信号，其操作步骤为：

（1）重复按下 FUNC 键选择三角波信号。

（2）首先按下 FREQ 键选择频率设置，然后在 Keypad 中依次按下数值 5 和 0，最后按下 KHz/Vrms 键，设置三角波信号频率为 50 kHz。

（3）首先按下 AMPL 键选择峰峰值设置，然后在 Keypad 中按下数值 3，最后按下 Hz/Vpp 键，设置三角波信号峰峰值为 3 V。

（4）首先按下 DUTY 键选择占空率设置，然后在 Keypad 中依次按下数值 5 和 4，最后按下％键，设置三角波信号占空率为 54％。

（5）按下 OUTPUT 键，MAIN 主输出端口输出频率为 50 kHz、峰峰值为 3 V、占空率为 54％的三角波信号。

如图 7-9 所示为通过 GDS-1102 数字示波器观察到的 AFG-2105 函数信号发生器输出的三角波信号。

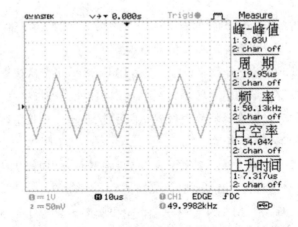

图 7-9　AFG-2105 函数信号发生器输出的三角波信号

7.4 直流稳压电源

GPD - 3303D
直流稳压电源

直流稳压电源是为各种电子电路和电子设备提供稳定直流电源的电子设备。当交流供电电网电压或负载变化时，它能使输出电压值保持不变。直流稳压电源有正、负两个电极，正极的电位高，负极的电位低，当两个电极与电路连通后，能使电路两端之间维持恒定的电位差，从而在外电路中形成由正极到负极的电流。直流电源中的非静电力是由负极指向正极的，当直流电与外电路接通后，在电源外部（外电路），由于电场力的推动，形成由正极到负极的电流；在电源内部（内电路），非静电力的作用则使电流由负极流向正极，从而使电荷的流动形成闭合的循环。

GPD - 3303D 直流稳压电源为线性串联调整式电源，如图 7 - 10 所示，其输出电压可以从 0 V 起调，输出电流可以从 0 A 起调，电压和电流调节方便，具有稳压精度高、纹波电压低等优点。该直流稳压电源支持三组独立输出，即 CH1 和 CH2 输出可调电压值，CH3（即面板上的 FIXED）输出固定电压值 2.5 V、3.3 V 和 5 V。另外，GPD - 3303D 直流稳压电源具有独立、串联和并联 3 种输出模式，可通过前面板跟踪开关进行选择。在独立模式下，输出电压和电流各自单独控制。在跟踪模式下，CH1 与 CH2 的输出自动连接成串联或并联，不需要连接输出导线。在串联模式下，输出电压是独立模式下输出电压的两倍；在并联模式下，输出电流是独立模式下输出电流的两倍。

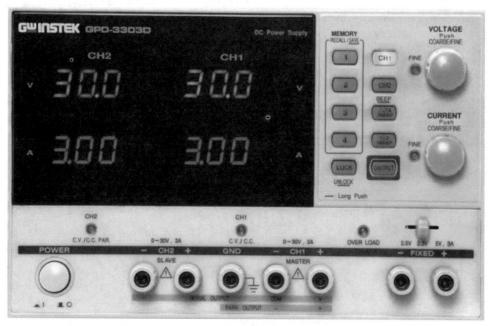

图 7 - 10 GPD - 3303D 直流稳压电源

1. 性能指标

（1）输出额定值：

CH1/CH2 独立：0～30 V/0～3 A；

CH1/CH2 串联：0～60 V/0～3 A；

CH1/CH2 并联：0～30 V/0～6 A；

CH3：2.5 V/3.3 V/5.0 V，0～3 A。

（2）电压变动率：

线性≤0.01%＋3 mV；

负载≤0.01%＋3 mV（额定电流≤3 A）；

负载≤0.02%＋5 mV（额定电流＞3 A）；

涟波噪声≤1 mVrms(5 Hz～1 MHz)；

恢复时间≤100 μs(50%负载变化，最小负载 0.5 A)；

温度系数≤300 ppm/℃。

（3）电流变动率：

线性≤0.2%＋3 mA；

负载≤0.2%＋3 mA；

涟波噪声≤3 mArms。

（4）CH3 规格：

变动率：线性≤5 mV；

　　　　负载≤15 mV

涟波噪声≤2 mVrms。

（5）跟踪操作：跟踪误差≤0.5%＋50 mV。

2. 面板介绍

GPD－3303D 直流稳压电源前面板功能键如表 7－4 所示。

表 7－4　GPD－3303D 直流稳压电源前面板功能键

名　称	图　标	功　能
存储键	MEMORY RECALL · SAVE 1 2 3 4	存储 MEMORY 数值，4 组设定值，1～4可选择
CH1/CH2 键	CH1　CH2 BEEP	CH1/CH2 值设定操作
PARA/INDEP 键	PARA /INDEP	启动或取消并联操作

续表

名　称	图　标	功　能
SER/INDEP 键	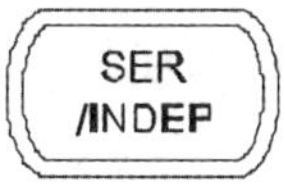 SER /INDEP	启动或取消串联操作
锁定键	 LOCK UNLOCK	锁定/解除前面板按键操作
输出键	 OUTPUT	打开/关闭输出
电压调节旋钮	 VOLTAGE Push COARSE/FINE	调整输出电压值，对所选中的通道进行设定值的调整，按下旋钮开关可进行粗调或细调设定
电流调节旋钮	 CURRENT Push COARSE/FINE	调整输出电流值，对所选中的通道进行设定值的调整，按下旋钮开关可进行粗调或细调设定
电源开关		打开或关闭主开关。
接线端子	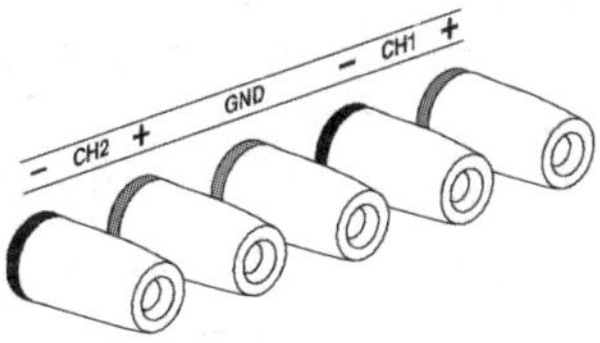 CH2 GND CH1	CH1/CH2 接线端
	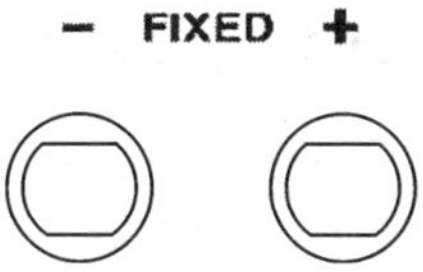 − FIXED +	CH3 接线端

3. 基本操作

1）CH1/CH2 独立模式

CH1 通道和 CH2 通道可以各自独立和单独控制，各通道的输出额定值为 0～30 V/0～3 A。其操作步骤为：

(1) 关闭 PARA/INDEP 键和 SER/INDEP 键，此时按键指示灯不亮。

(2) 连接负载到前面板接线端子 CH1 ＋/－ 和 CH2 ＋/－。

(3) 设置 CH1 或 CH2 输出电压和电流。按下 CH1 或 CH2 开关按键，旋转电压旋钮和电流旋钮。通常，电压和电流调节旋钮工作在粗调模式，当按下电压和电流调节旋钮，启动细调模式时，FINE 指示灯亮。

(4) 按下 OUTPUT 输出键，电源输出稳定电压。

2）CH3 独立模式

CH3 通道固定输出 2.5 V、3.3 V 和 5 V 三种直流电压，额定电流为 3 A。其操作步骤为：

(1) 连接负载到前面板接线端子 CH3 ＋/－。

(2) 通过 CH3 电压选择开关来选择输出 2.5 V、3.3 V、5 V 直流电压。

(3) 按下 OUTPUT 输出键，电源输出稳定电压。

3）CH1/CH2 串联模式

CH1 通道和 CH2 通道可以进行串联模式输出，获得两倍的电压能量。串联模式输出额定值为(0～60)V/(0～3)A。其操作步骤为：

(1) 按下 SER/INDEP 键来启动串联模式，按键灯点亮。

(2) 连接负载到前面板接线端子 CH1＋和 CH2－，如图 7-11 所示。

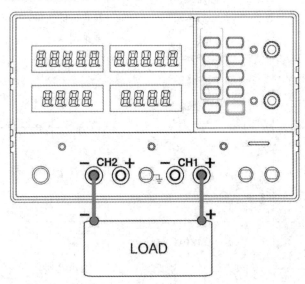

图 7-11　CH1/CH2 串联模式接线

(3) 按下 CH2 开关(指示灯亮)，用电压和电流调节旋钮设置输出电压和电流。通常，电压和电流旋钮工作在粗调模式，当按下电压和电流调节旋钮，启动细调模式时，FINE 指示灯亮。

(4) 按下 CH1 开关(指示灯亮)，用电压和电流调节旋钮设置输出电压和电流。

(5) 按下 OUTPUT 输出键，电源输出稳定电压。

4）CH1/CH2 并联模式

CH1 通道和 CH2 通道可以进行并联模式输出，获得两倍的电流能量。CH1 和 CH2 在并联模式时合并输出为单通道，由 CH1 控制合并输出。并联模式下 GPD-3303D 直流稳压电源输出额定值为 0～30 V/0～6 A。其操作步骤为：

（1）按下 PAR/INDEP 键来启动并联模式，按键灯点亮。

（2）连接负载到前面板接线端子 CH1＋/－，如图 7-12 所示。

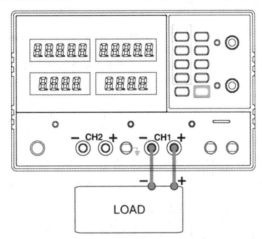

图 7-12　CH1/CH2 并联模式接线

（3）CH2 指示灯显示红色，表明并联模式。

（4）按下 CH1 开关（指示灯亮），用电压和电流旋钮设置输出电压和电流。CH2 输出控制失去作用。通常，电压和电流旋钮工作在粗调模式，当按下电压和电流调节旋钮，启动细调模式时，FINE 指示灯亮。

（5）按下 OUTPUT 输出键，电源输出稳定电压。

7.5　NW1932 交流毫伏表

电子电压表是专门用于测量正弦波电压有效值的仪器，它不同于一般的电磁式、电动式或整流式仪器，在其内部有电子电路，可对输入的测量电压进行处理，处理后用指针表头或数字表头显示出测量数据。电子电压表的输入阻抗和测量灵敏度高，频率范围宽，一般可以测量到毫伏级的电压，所以又称为交流毫伏表。交流毫伏表按测量信号的频率可分为低频毫伏表和高频毫伏表，按显示方式可分为指针表和数字表，按通道数量可分为单路毫伏表和多路毫伏表。

NW1932 双通道数字交流毫伏表是由微型计算机、集成电路及晶体管放大电路等组成的测量仪器，如图 7-13 所示。NW1932 交流毫伏表有 3 种通道测量模式，即 A 通道独立测量模式、B 通道独立测量模式以及 A＋B 双通道测量模式。电源开启后，默认测量状态为双通道异步电压测量状态，要选用单通道电压测量需要重复按下通道选择键进行切换。

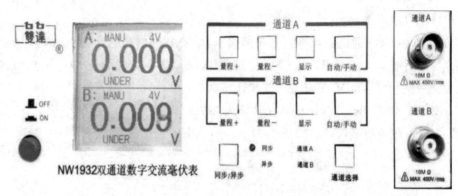

图 7 - 13　NW1932 双通道数字交流毫伏表

1. 同步异步测量

同步测量和异步测量在交流毫伏表处于 A＋B 双通道测量模式时有效，通过按下同步/异步键进行切换。

同步测量：当交流毫伏表处于双通道同步测量时，"同步"指示灯亮，此时两个通道的显示单位和自动/手动状态以及量程变化都由 A 通道的显示键、自动/手动键、量程＋键、量程－键进行控制，两个通道具有相同的量程和显示单位。

异步测量：当交流毫伏表处于双通道异步测量时，"异步"指示灯亮，此时两个测量通道相互独立，互不干扰。

2. 功能菜单键

当 NW1932 交流毫伏表处于 A 通道测量模式和 A＋B 双通道测量模式时，A 通道测量功能菜单键有效。当交流毫伏表处于 B 通道测量模式和 A＋B 双通道测量模式时，B 通道测量功能菜单键有效。A 通道和 B 通道的测量量程都有 4 mV、40 mV、400 mV、4 V、40 V、400 V 挡。

（1）使用"手动/自动"键。

自动/手动键用于选择手动测量方式和自动测量方式。当交流毫伏表处于 A 通道测量模式和 A＋B 双通道测量模式时，默认为自动测量方式，此时表头显示为"AUTO"，NW1932 双通道数字交流毫伏表能根据被测信号的大小自动选择合适的测量量程。如果要进行手动测量，在自动测量状态下再按下自动/手动键即可进入手动测量方式，此时表头显示为"MANU"。

（2）使用"量程＋"和"量程－"键。

当交流毫伏表处于手动测量方式时，量程键有效，允许用户自由设置测量量程。按下"量程＋"表示增量程，按下"量程－"表示减量程。在采用手动测量方式时，在输入信号前要选择合适量程。

（3）使用"显示"键。

NW1932 交流毫伏表的测量值显示单位有 3 种：有效值（V 或者 mV）、dBm 值和 dB 值，默认显示单位为有效值（V 或者 mV）。如果要显示 dBm 值或 dB 值时，只要重复按下

"显示"键就可以进行切换。

① 显示为"mV"，表示当前电压测量选择的显示单位为 mV。

② 显示为"V"，表示当前电压测量选择的显示单位为 V。

③ 显示为"dBm"，表示当前电压测量选择的显示单位为 dBm。

④ 显示为"dB"，表示当前电压测量选择的显示单位为 dB。

（4）过量程和欠量程。

① 当交流毫伏表设置为手动测量方式时，用户可根据信息提示设置量程。如果被测电压大于当前量程的最大测量电压的 115%，则提示"OVER"，表示过量程，电压过高，需要手动切换到更高的量程。

② 当交流毫伏表处于 400 V 挡测量时，若提示"OVER"，表示输入电压过大，已经超过了正常使用范围。用户应当立即断开输入电压信号，以防损坏交流毫伏表。

③ 当交流毫伏表处于手动测量方式的某一量程（除 4 mV 最低挡外）时，如果被测电压小于当前量程最小测量电压的 25%，则提示"UNDER"，表示欠量程。此时，测量误差较大，用户应当切换到低量程进行测量。

④ 当交流毫伏表设置为手动测量方式时，从输入端加入被测信号后，只要量程选择合适，读数就能立即显示出来。而当交流毫伏表设置为自动测量方式时，由于要进行量程的自动判断，读数显示略慢于手动测量方式。

3. 注意事项

（1）在测量大于 36 V 的高电压信号时，一定要小心谨慎，注意安全，以免造成人身伤害和损坏仪器。必要时采取一些安全措施，例如戴上绝缘防电手套、使用绝缘触摸的电缆连接线等。同时确保测试连接安全可靠，最好先将交流毫伏表手动设置在合适的挡位，再将被测电路与交流毫伏表连接，最后将被测信号输入到电压测量通道进行测试。

（2）测量高压信号的电压和频率时一定要小心谨慎，要注意从正确的输入通道输入信号，以及要有正确的测量设置（如测量的挡位设置、状态设置等）。

（3）交流毫伏表在使用过程中，不能长时间输入过量程电压。

（4）交流毫伏表在自动测量过程中进行量程切换时会出现瞬态的过量程现象，此时只要输入电压不超过最大量程，片刻后读数即可稳定。

附录 A 学生用实验报告模板

院、系		专业		姓名		学号	
课程名称						实验日期	
指导教师		同组实验者				成绩	

实验名称 _____

一、实验目的

二、实验设备与器件

三、实验原理

四、实验内容（实验方法、实验步骤和实验电路图等）

五、实验结果（测试数据和波形图）

六、实验小结

附录 B　电子技术综合性实验考核评分表

项目	要　　求	分值	得分
系统方案设计	通过电路仿真软件完成各个功能电路；提出系统方案设计	20	
PCB 电路板制作	根据设计方案，完成电路原理图绘制；通过 Altium Designer 完成 PCB 电路板设计	20	
电路安装调试	完成电路板的焊接安装；排除电路故障；注意安全操作，不允许损坏元器件；记录安装和调试过程	20	
电路性能测试	正确使用电子测量仪器，完成电路板的性能测试；记录实验结果，包括实验数据和波形图；对于波形图，记录幅值、频率、周期和占空率等参数	20	
项目汇报答辩	撰写综合性实验项目报告，制作 PPT，完成汇报答辩	20	
总　分			

参 考 文 献

[1]　秦曾煌，姜三勇. 电工学（下册）电子技术[M]. 7 版. 北京：高等教育出版社，2009.

[2]　付蔚，童世华. 电子工艺基础 [M]. 3 版. 北京：北京航空航天大学出版社，2019.

[3]　于海雁. 电子技术实验教程[M]. 2 版. 北京：机械工业出版社，2014.

[4]　黄河，张建强，马静囡，等. 电子技术实验教程[M]. 西安：西安电子科技大学出版社，2014.

[5]　陈强. 电子产品设计与制作[M]. 北京：电子工业出版社，2015.

[6]　高吉祥. 电子技术基础实验与课程设计[M]. 北京：电子工业出版社，2011.

[7]　王学屯. 现代电子工艺技术[M]. 北京：电子工业出版社，2011.

[8]　赵淑范，王宪伟. 电子技术实验与课程设计[M]. 北京：清华大学出版社，2009.